給遭遇瓶頸、徬徨中的你；

接受失敗，不是因為脆弱，而是懂得堅強！

織田紀香

辭職離開，就能解決問題嗎？

數位行銷知名講師織田紀香，近20年職場浮沉親身分享

諾利嘉股份有限公司創辦人
織田紀香（陳禾穎）——著

方舟文化

每次的失敗在你心裡積累的是什麼？一次的成功你又領悟到什麼？讀紀香說故事，他的文字裡有深刻的畫面。

——ETtoday 東森新聞雲 共同創辦人、社長 **蔡慶輝**

無須長篇大論，只要說故事、例子、親身經驗，即使為人生失敗經驗卻遠比成功論述，更能直指人心。

織田紀香這本精采好書，讓我從作者自序一路看到尾，點頭如搗蒜，篇篇同我心，心有戚戚焉，共鳴似漣漪。

——企管講師、作家、主持人 **謝文憲**

職場哪有永遠的勝利？這本新書用獨特的觀點，教你將職場的困境和挫折，轉化成實戰的動能和力量，失敗也可成為正能量。

——三立新媒體事業部副總經理 **藍宜楨**

專家推薦（按姓氏筆劃序）

何飛鵬（城邦出版集團首席執行長）
劉智瑋（台灣壹傳媒集團數位媒體業務部總經理）
蔡慶輝（東森新聞雲共同創辦人、社長）
謝文憲（企管講師、作家、主持人）
藍宜楨（三立電視新媒體事業部副總經理）

紀香是位一旦要做就勇往直前的勇者。無論前方是黑暗或光明，無論旁人的眼光或論述，無論過程中是佈滿荊棘或是道路多麼崎曲，他總是努力找到方法去克服種種困境與障礙，只為了能將事情做好。

紀香的「失敗」和不畏困難、專注進取的態度，值得職場年輕人學習！

——城邦出版集團首席執行長 **何飛鵬**

受夠了千篇一律的成功法則嗎？織田紀香的職場「負能量」，能挑戰您以為的正面思維；成功無法模仿，但失敗可以被學習，勇敢失敗比努力成功更有力量！

——台灣壹傳媒集團數位媒體業務部總經理 **劉智瑋**

表面看到的自信，是包覆過度的自卑

印象中，最後一次媽媽陪我做作業是在國小二年級。遇到算數卡關時，她沒心情陪我算，那天之後，在學習這條路上只落我孤零一人。家人不大愛管我成績好壞，對他們而言，放棄一個沒學習天分的孩子簡單多了。當時還有分班制度，我被分到的班不太好，老師不抱持著期待，僅用機器人般的死板教學對付我們。通常考試沒考好就是拿椅板猛敲掌心，而我就是那個一週沒被敲個五次不過癮的人。學習，不過就是義務，不具任何意義。

家，一次又一次搬，國小班上同學沒幾個熟悉，大概每兩年搬一次，每兩年就得重新認識新朋友，我沒有權利說「不」，父母之間的爭執，身為孩子的我們無法理解。轉校後，學校老師無法銜接我跟弟弟的學習狀況，不清楚我們學習上的優點與缺點，導致班導師沒辦法替我們的課業多做些準備，只能要我跟弟弟硬是跟上學習進度，然後，沒跟上沒學好，老師再來板子伺候。那種面對學習的無力與無奈，徹底將人推到深淵。

學習成了我的死穴。不知何種緣故，我無法靜下心來看書，書看不下去，多翻個兩頁或多看幾個字，心情就會變得混亂、腦袋就像漿糊般，全黏稠在一起。後來，媽媽看我成績常吊車尾，再加上智力測驗未達一般人標準，特別把我抓去給醫生檢查，這才發現我有學習障礙。除了成績糟糕，附加性別錯亂，媽媽聽醫生說出這輩子想都沒想過的疾病名稱，對我的未來不再有更多期待，僅僅叮嚀著：「你只要當個不作惡、善待別人、懂得感恩的人就夠了。」

念五專機械工程科時，專三起有工廠實習與電腦製圖課程，在令我興趣缺缺的多數課程之外，唯獨這兩堂課給我可以專注學習的機會。好幾次，我在學校工廠待很晚，從下午一點的課程一直待到晚上七點。手上拿著鐵塊對著研磨機一直打磨，像個機器人一樣，呆站在機台前面，腦裡胡思亂想，不停反覆倒著降溫水，再重新把鐵塊的表面磨出我想要的光澤。我不斷問著自己存在的意義。

有次工廠實習課老師好奇的跑來問我：「為什麼下課不回家？不跟同學出去玩？你們這年紀應該大家都會去唱歌、打撞球或保齡球，甚至是把美眉，你怎麼沒跟著去？」我一時沒反應過來，後來才意會到老師在跟我講話，我才回：

「同學不想找我，他們覺得我很怪，應該沒人把我當朋友，而且不被他們欺負就很好了，他們怎麼可能找我一起混。」老師再問：「為何不回家？」我靜默一會兒，帶點苦澀的反應。

「老師。我不知道回家能做什麼，家裡沒人在乎我。我也想回家，可是一回家就會跟爸媽吵架發脾氣。我不懂自己能幹嘛，只會打電動，但我玩過的電動都破關了，沒電動想玩，留在學校感覺好像比較有事做。」老師拍拍我肩膀，他問我有沒有興趣了解學校的車床、洗床。我一直很想看看機器運作的方式，老師特別露了一手給我瞧瞧這些機台神奇之處。那一晚被關心的感覺，暖暖著停留至今。

老媽騎了快十年的50CC迪奧（DIO）機車，以一萬五千元賣給我。機緣巧合下，因為十年老機車問題多，需要常修理更換零件，不得已只得反覆光顧機車行，間接跟機車行老闆感情越來越好。我常下課後跑去機車行跟老闆泡著學修車。機車行裡的人們，彷彿代替父親的角色陪伴我，即使我很清楚知道不是這回事，可是卻在那流連忘返。因為我知道在機車行，有我容身之處。

機車店老闆問我：「每天來我們店裡，是看上我女兒嗎？」聽到這樣的話，我的臉瞬間立刻發紅的回老闆：「當然不是！完全不是！」老闆又問：「那你晚上不回家，不念書，幹嘛一直來我機車行這裡？」我沒有回答老闆，只是默默的繼續拿著手上的十字六角板手，動手拆裝引擎。心裡沒說出口的是：「老闆，你就像我爸爸，你給了我想要的父親溫暖，你對我的體貼與包容，讓我知道活著的意義，你的機車行就是我第二個家。」

懵懵懂懂間，轉眼長大成人，步入二十歲。面臨要進入職場的壓力，老師分享過來人的心得：「你們未來頂多做黑手，吃得飽、穿得暖、餓不死，想要發人財不可能。」心裡的不甘再次湧上心頭。所以，專科四年級時，我跟著鐘老師架設區域網路並裝修冷氣，弄懂熱力學原理；陪著劉老師在流體力學的教室聽他透過佛法闡釋人生道理，甚至用哲理的方式，重新看待流體世界所帶來的另類哲學觀點。

那段時間，從未想過這些不起眼的點點滴滴，能對未來有何深遠的意義。

有一次，劉老師帶我到自動化實驗室看學長們的專題製作，他們做的是十字向立體輸送帶，老師問我：「看這專題，你看到什麼？」我不懂劉老師的問題，老師重問一次：「輸送帶怎麼運作？」我就照著看到的東西跟他描述一次。老師告訴我：「人生就像這十字道路，選擇的當下，你或許只能往一個方向去，但隨著時間流逝，有一天你或許又會經過這十字路口，往原先沒有選擇的方向走。」

老師再解釋：「我知道你很徬徨，害怕未來，畢業後是一種選擇，但不是唯一的選擇。**不用害怕做出選擇，終究有一天，選擇會再找上你**。那時你或許會看到不同的景色，做出其他選擇。而你，**不論過得好或壞，都不該改變那個原本心中的你。莫忘初衷，最真實的你一直都在這，沒有改變，要相信自己。**」現在想想，老師一番談話早已在我腦海裡萌芽，只不過當時無法意會。

劉老師說：「不管到幾歲，我們無時無刻都得面臨選擇。在十字路口選定方向後，或許結果不如預期，但你別擔心，也許當下不好，可能有機會在未來變好。堅定活著，堅忍熬過每個苦難，不要放棄活著的念頭，哪怕一萬個選擇都做錯，只要碰上一個好，你自然會發現世界的美好。即使毫無自信，充滿自卑，以為所有人都看不起你時，想想有我在，我始終挺你、在乎你。」我當下在實驗室裡淚崩，老師有些尷尬的要我去廁所洗洗臉，叫我別再哭了。

後來準備畢業與就業，一如老師所說，面臨人生十字路口，不知道該往何處。當時看上網路熱潮，是我心之所向，秉持著嘗試、不輕易放棄的覺悟，或許就像老師所說能發掘到原先所不知道的路。於是我學習了繪圖軟體，向網路上的前輩們學習繪圖、製作網站，甚至畢業後藉由鐘老師的要求，持續在3D軟體操作上試做一些模型給他，幫他做些專案，間接累積相關技能。這段學習過程，讓我見識到世界的寬廣與宏大。

因為知道自己做得差，離前輩們的作品水準還很遙遠，比起他們實踐夢想的能力，尚有很漫長的路程要追。我再次進入自我催化的世界裡，每天重複做著相同的事情，靠著一股堅持不輕易低頭的決心，強迫自己長時間操作電腦，找出軟體使用脈絡以及邏輯。我用電腦軟體跟自己對話，坐在電腦前不停的畫、不停的做，思考著要怎麼做才能設計出漂亮精湛的作品，我不斷嘗試、一再挫敗。

直到覺得自己差不多準備好了，終於敢拿出勇氣跟前輩分享我的作品時，從留言板上看到他們一句又一句的留下心得與感想，我的世界，人生的視角，才開始轉變，我終於領悟到劉老師當初所講：「**不要害怕做出選擇，即使錯過，未來還是有機會重新來過。**」

學習這條路上，至今正式邁入三十八年，我還是戰戰兢兢持續著。謝謝你們，謝謝有你們幫我拼湊這塊原本不完整的人生，完整了它。

織田紀香

CONTENTS

part 3

邁向目標，能妥協

突破不是用說的，要行動

CONTENTS

part 4

不斷學習，能順勢

沒有完美決策，但有最適方案

part 5

取得信任，換位思考

以整體眼光隨時準備與人互補

紀香職場生存教戰金律

「我過去所經歷過的挫折，多到像是一本『失敗的百科全書』，但也因此，我有足夠的養分衝上頂尖。」

織田紀香的成長歷程，面對的絕對是比一般人更嚴峻的人生考驗。從小因外貌與性別形象特殊，織田紀香一路承受社會輿論甚至親人給予的壓力，在迷惘、沮喪、自我保護與桀敖不馴的情緒和個性中沉浮，受到職場上多種挫敗與高職位失業之震撼，最終，他證明了沒有絕佳的家世背景，沒有學歷光環加持，憑藉著誠實面對自我、勇敢改變缺點，心中那股因為好奇而不斷學習的動力，每個人一樣能衝出自己的路，攻下自己的山頭。

織田紀香的經驗提醒所有人，人生和工作緊密交織，成功的認定和快樂與否，完全取決於自己的人格特質。先認清自我的性格、理解所處職業的本質、記取前輩的經驗諫言，遠比急著投遞履歷來得重要。了解自己，是找速配工作的第一步，也能幫你發現工作不順的盲點在哪裡。

【職場工作性格一分鐘立即測】

現在進行一個小測試，一起來看看究竟自己是屬於會找解決方法的明智工作者，還是只會滿嘴抱怨的職場怪獸。

■ 你是不是工作常做不到上級要求的標準？
■ 你是不是工作常常需要別人幫忙才行？
■ 你是不是不太清楚每一天該優先處理的是哪些事？
■ 你是不是工作一遇到狀況挫折就想請假？
■ 你是不是工作中常犯許多自認小小的錯誤？
■ 你是不是時常在工作時聯絡不到或早退？
■ 你是不是工作時常會把「我想離職」掛在嘴邊？
■ 你是不是工作時常常希望有個靠山感覺真棒？
■ 你是不是工作遇到不解的問題就心情低落？

- 你是不是工作的問題沒有答案時就把它放著？
- 你是不是碰上高階主管就會想要逃避？
- 你是不是對於做基本文件報告很反彈？
- 你是不是做很多事情都充滿憤怒？
- 你是不是習慣工作時一邊埋怨同事或福利不佳？
- 你是不是工作時從未擔心過公司營收或其他人的立場？
- 你是不是經常不想踏出家門去上班工作？
- 你是不是認為學校畢業後踏入社會，就不用再做學習計畫？

《計分方式與評核》

勾選一題一分。

積分五分以上建議修正自己的心態，調整對工作和對同事的看法。

勾選計分超過十分，除了需要重建正向積極的工作觀，也建議檢視目前的工作是否與你的能力和志向不合？須審慎評估職務或行業別是否應該做些適當的調整。

part 1

找對位置，就定位

認清自我，比寫好履歷更重要

01 工作的意義，你曾追尋過嗎？

轉眼間，從學校步入職場已經十六年，回顧這十六年，看到許多自己的荒唐、無知、徬徨與天真。同時，再看看那些即將從校園畢業的準社會新鮮人們，或許同樣對未來的工作有著相似的感受。只是我們相隔十多年的差距，彼此已在不同的人生和工作階段，心境自然有非常大的不同。

過去，我曾猶豫著問執行長：「是什麼東西驅動著你，讓你可以每天幾乎不睡，熬到半夜兩三點還在處理客戶郵件，甚至凌晨四、五點依舊在線上，記下每個部門、每位主管的交辦事項？」我滿是疑惑問他。趁著他還沒回答，我又問：「你不累嗎？你到底在追求什麼？」

執行長苦苦笑著，他反問我：「你為什麼要工作？不過是為了領薪水吧？」我回他：「這是個理由，另一個則是我想在職場上找到自己的舞台，賦予熱情，找出自己生活的重心，給自己一個目標去追求、去成就、去達成。」他帶點不屑的表情對著我說：「別畫大餅啦，在我面前就有話老實說，誠實面對你自己啦。

好好想想，真有像你說的那樣，往那些方向前進嗎？還是只是領薪水過日子？想清楚再回答。」聽他這麼一說，我有些錯愕，再想了想並回答他：「嗯，就現況而言，看起來是在領薪水沒錯……」

執行長說：「人啊，總忽略最簡單、最單純的原則，那就是搞懂自己在面對什麼。」

我懷疑著問：「面對什麼？」執行長回答：「**你逃不過你自己。你要面對的就是真正的自己，不論有多少話術想要包裝那個理由，你無法逃避自己真正的心意與心思，那才是你當下所擁有的。**」我還是滿臉疑惑，執行長替我倒杯茶，再問我一次：「工作對你來說，到底有何意義？你真的清楚嗎？」我靜默未答。

「很多人談到工作，總會提到各式各樣的抱負。可是事實上，能達成自己目標的人比較少，背離初衷的人卻很多。理由很單純，因為他們多數被忙碌的工作給麻痺，他們只記得每份工作帶給他們無力、壓力等各種負擔，卻忘了在實現抱負的過程中，這些不過只是正常付出的代價。」執行長分析後，又接著說：「工作對很多人來講就是討生活的飯碗，沒有特別的理由，沒必要刻意去美化或是包裝這些表象。我已經五十五歲，看過很多人來來去去，我相信每個人對職場都充滿著許許多多的想像與抱負，不過生活現實面卻是『僅僅少數人能體悟到工作之於生活的關係』，大部分人被工作中的繁忙事務給淹沒，忘了曾有過的理想，然後領著差不多的薪水，過著差不多的日子，看著差不多的生活，變成一位差不多的人。」

我有點不太高興，似乎執行長這麼說有點一竿子打翻一船人的意思。

我反問：「那執行長你呢？你累成這樣的意義又是什麼？」執行長回我：「沒有別的，就是能付薪水給你們，公司穩定前進，不出意外不要欠債，家人過得去，供得起孩子念書，偶而給自己可以緩口氣的機會，不過如此罷了。」我又問：「難道你對工作沒有過抱負嗎？沒有自己的理想？不曾試圖去追求夢想？不也是這樣你才開這間公司？沒有這一切，你今天能成為一間公司的負責人？」執行長笑而不答，他反問我：「你覺得哪個重要？你先別急著回答，想想看。工作與生活，兩者之間誰比較重要。」我想了想，回答他：「生活吧。」執行長提醒我：「想想你前面說的話，那些經過你包裝過的語言，隻字未提生活，可是現在卻認為生活比較重要？那不就該在工作計畫中，把生活變得更精采的畫面也描繪出來嗎？」頓時，我啞口無言。

「沒錯，生活比較重要！工作只是生活的一部分，不是全部。支持生活的元素雖然有很多種，可是你仔細想想，維持生活的資源來自哪裡？」執行長問，直覺地我回他：「應該是……收入吧？有薪水就能過日子，生活就可以繼續下去。」執行長很快接著說：「完全正確！年輕人，我不是告訴你人不能追夢、逐夢，而是想告訴你一個事實『**面對未來無法預知的人生道路，你唯一能掌握的就是自己當下的生活。**』你先搞清楚自己要過什麼樣的生活，接著就會決定你日後工作的樣貌。我不相信生活跟工作能平衡，**但我確信工作態度正確，才能有效改善生活品質。**」彷彿，頭上被人狠狠敲了一下。

執行長又接著談到：「我創立這間軟體研發公司，不是因為我在追夢，而是年紀到了個門檻，職場上沒有人要我，很可笑是吧？竟然面臨中年失業危機。大公司覺得我資歷尚可，但市場上還有更多比我優秀的人。小公司呢，則覺得我太資深，請我去都壓過公司的總經理，承受不起。我一家四口要養，兒子上大學，我要面對中年找不到工作的痛，你應該很難想像吧。恰巧，有兩位前同事跟我狀況差不多，我們不自己救自己，大概就沒救了。於是共同成立這間公司，我再從基礎業務幹起，五十歲依然去跑業務，重新拜訪以前的老客戶，只為了最原始的

從現在開始累積你的成就，
讓每個工作資歷都是你未來驕傲的成就。

基本需求『過日子，討生活』。」

「認清你自己在面對的是生活還是工作，你才知道該怎麼過下去。」

「你知道這過程中帶給我最大的轉折與改變是什麼嗎？」執行長好奇的問我，我回他：「開公司很累？」執行長哈哈大笑，笑我這回答太逗趣。他說：「我認清自己真正在乎的是家人與生活，工作則給我生活繼續前進的養分。我認為要推動自己堅定走下去，不能像以前只抱持著夢想或理想，而是要更務實看待工作是什麼面貌。例如，以前會因為工作不是我喜歡的，我就換工作；主管不是很好相處，我就換工作；公司發展不如我期望，我就換工作；同事相處不來很麻煩，我就換工作。工作一份又一份換，我常被家人唸沒有責任感，起先不怎麼在乎，直到開公司之前的中年失業危機，那年找不到工作的慌張與焦慮，像是桶冷水潑在我身上，把我凍醒。」

「不論我有多遠大的抱負，要是連家人生活都顧不好，那我又算什麼？」

執行長滿是皺紋黝黑的臉笑著說：「你們都還在對未來造夢、追夢，而我每天熬夜、加班沒睡，不過就是支持著你們的同時，也讓我的生活得以繼續。你們要是真有能耐，公司自然就會成長茁壯，而我當背後的推手，讓每天工作得以持續轉動，大家都能領到薪水。」

這幾年來，我讀過不少有關職場的書籍，有些告訴人們工作要積極，有些則是要設定遠大目標並加以實踐，而執行長卻告訴我：「生活過得下去，才是工作的意義。」或許人生智慧莫過於此，就像他說的：「過多想法上的包裝都改變不了人要過生活的事實，支持生活最基本的資源，就是靠收入打基礎，能夠穩定過日子，工作自然也會有其發展，一如執行長所言，**與其給自己貼上一張又一張的標籤，強壓自己面對一個不可預見的未來，還不如正視眼前的生活，讓日子過下去才是真的。」**

工作不為別的，為的是家人，為的是讓自己可以走更長遠的路。

紀香語錄：

如果知道自己要的是什麼，那就不要理會週遭雜音干擾，不顧一切奮力朝心所嚮往的世界努力，直到聲音越來越小、紛擾越來越少，不斷的突破再突破，最後映入眼簾的，將會是只有你才能夠享用的美果。

02 心不想，事不會成

以前，我曾幻想過有個像空中飛人的工作，那時覺得似乎很夢幻又遙不可及。但現實是，當自己開始當個空中飛人後，竟懷念起在地面的日子，飛來飛去的生活，不比想像中輕鬆，每一次離開地面，想的全是怎麼樣才能不空手而歸，直到接觸地面，還沒踏穩腳步，就得火力全開。

同樣，過去曾幻想過能參與企業併購案，評估公司價值、分析公司優劣，進而促成企業合併一事，將會是人生職場中成就的高潮，那時心想這輩子能有機會做過一次，就是老天爺給的福分。直到真的參與企業併購，這才發現事情不像表面看的那麼美好，其中大部分的複雜工作是被各式各樣的文件給堆滿，日子沒有比當個一般專業經理人要來得亮麗多少。

這兩件事情，從我十八歲看著港劇、電影，幻想著也許有那麼一天，我也能跟著劇中人一樣如此逍遙自在，做著看起來既有格調又相當華麗的高檔工作。直到現在，結論是「幻想容易，親手實踐很難」。

回顧才踏進社會初期，立刻發現自己頂多只能當個小美工，哪有什麼可能可以當空中飛人，更遑論要去主導什麼企業併購案。二十歲這樣想、二十五歲這樣想、三十歲這樣想，十多年過去了，眼看根本沒有機會，沒有任何跡象能實現自己在工作上的期盼。於是，在三十將近三十一歲那年創業，認份的將幻想拋棄，告訴自己得面對現實，自身能力就是不足，有些事情沒資格輪到我。

因為無所求，反而結果有所得。現在三十八歲，人生期盼中的兩件事情發生了。我從沒想過如何走到這天，也不知道為什麼會有這機會，讓自己的人生走到這種層次。但真要說的話，以前一位老闆曾說：「**一步一腳印，很多事情做就是了，別天天惦記著，時間到自然會輪到你。**」當時一席話聽起來多麼沒有意義，而如今再想起此話時，心中感觸深刻。

曾有一位同事這樣跟我說：「紀香，我努力多年了，到現在連一份自己想要的工作都得不到，到底該怎麼做才能跟你一樣。你是不是運氣很好？還是有什麼訣竅可以找到這種工作？」我不知從何回答起。因為真要說起來，還真是一大串有跡可循的脈絡能夠分享，但也不是一時半刻說的完。

我想想，跟他這樣說：「**做事情很重要，但更重要的是要做到讓人能看到你。**」

不論選擇哪一條路，選擇就是選擇了。
走，就是了。

想要贏得機會來證明自己，就要先讓人看到你的存在，如果別人想給個機會，卻不知道你是適當的候選人，那麼你默默地做再多事，都是枉然。」他問我具體該怎麼做，我說：「廣結善緣，不只做給自己看，還要做給別人看，做給需要你的人看，讓他們知道你的能力不僅如此。」

我舉個例子給他聽，分享我參與企業併購案的經驗：那時候情況是公司有資金，有資源，但卻嚴重人手不足，無法解決手上遇到的問題。再看公司等候排隊的專案一個又一個進來，人手沒有補足的話，肯定會流失不少客戶。所以，我自己主動研究起各個可以幫忙的外包廠商，針對每個外包廠商進行訪談。

「為什麼你要這麼做？」同事問我。「理由很單純，因為內部無法解決的問題，只好向外部求援。**我們無法靠招募人員在短期內解決問題，外包廠商的合作就會是一個很重要的契機**，但我不只要將專案外發，我想要將這些外包廠商納入團隊中，變成團隊的一員，善用每個團隊不同的優勢，綜效提升公司能力。」

「但是公司老闆為何會想聽你的？」我回答：「因為我用時間、人力、成本跟收入，去計算併購別間企業後的各種運作模型，主動提交很多報告，分析別人公司的優劣勢，還有他們的公司文化相較於我們公司的共通點與差異點，再深入對方組織，去了解各個扮演關鍵溝通角色的主管或員工，寫出一份讓自家老闆無法拒絕的提案。」

「這樣就可以？」同事問。「當然不是。但因為我做了，開啟公司在這事情上的想像。於是公司成立專案小組討論公司併購的可能，各部門主管在那段時間密集開會，討論如此做的好壞，同時評估公司內部資源瓶頸與外部資源挹入狀況。我就在這段時間內，積極的與各大被評估的團隊溝通、協調，這一切沒人要我去做，全是我自己主動去做、去掙來的。」

有時候心想不一定事成，但心不想一定不會成。

紀香語錄：

你要讓別人知道你能做到什麼樣的程度與各種可能性，你得實際做給別人看，甚至做出成果來。不然，別人僅能看到眼前你做的事情。

03

勝者與強者，誰比較優秀？

曾參與公司經營主管的三天兩夜共識營，第一夜晚上，總經理談及所謂的勝者與強者之議題，他問：「有人分得出勝者與強者之間的差異嗎？」在座的所有主管你一言我一語，有位主管說：「勝者，顧名思義就是屢戰屢勝，戰功接連不斷的人。」總經理問到：「那你認為的強者是什麼？」那位主管想了想，沒有回答。

我被示意要回答，於是說出了自己的看法：「強者，意味著就是強，對很多事情具有很強的處理跟應對能力。」總經理聽了後，反問我：「那你心中的勝者是什麼？」我沒什麼特別想法，僅是回答：「跟前一位回答的很接近，沒有太大的不一樣。」總經理接著問：「你們之中，誰是勝者，誰又是強者？依照你們所說的，你們會分辨嗎？」

我不知道他想表達什麼，甚至感覺他有些在玩文字遊戲，對於他講的話不太想搭理。一位主管首先發難：「那總經理是謂勝者？我等謂之強者？」他說的話，著實引起總經理注意，終於發表了自己的看法：「勝與強，二字之間看似都屬同類字義，卻有根本上的不同。」本來每個人交互在會議桌上討論，你一言我一語的突然都停了，全聚焦著聽總經理解釋。

「勝者，不一定強；強者，不一定勝。」「你們在職場上，每一位能力都很強，能做到一級主管，必然有其過人之強處，但問題來了，你們是屢建戰功的勝者嗎？你們有辦法讓自己每戰必勝嗎？」總經理的一席話，我們聽出了重點與含意。職場上，我們每個人都覺得自己很強，斤斤計較每分我們所付出的一切，來證明自身有多強，但「有多強」跟「獲得多少勝利」，這完全是不同的兩回事、不同的兩種能力。

「強者，自有其擅長、專精之領域，而唯一的問題在於強者能不能與其他強者間互信、互助、互利，以大局為重，讓強取勝。」總經理點出本次會議的重點。

一級主管，每個人於其領域都有相當專長或卓越之處，但橫跨到別人的領域時，彼此之間是不是能夠互相協調，互蒙其利，是一大重要又不容易的課題，特別是基於自身的專業領域，要容他人進入，接受外行指教內行，似乎容易成為企業經營運作之間的一大難題。總經理說：「強者天下，可勝者為王。」放眼天下，強者四海皆是，但勝者，又何來有之。

「你們過去幾年在職場上，不斷追求自我成長極致，讓自己爬到今天的地位，令自身變得很強的是那滿滿的企圖心與野心。可是，除了把自己變得更強之外，你們有沒有想過『勝』一字，對你們的意義何在？」他的提問，令當下每位主管陷入深思，每張臉孔上，滿是思考這問題的疑惑。「總經理，意思是我們平常過度專注於自身所在意的事，而非追求團隊的得勝？」

「**勝者，不必強，善用強。**」總經理接著說：「剛剛那位同事點出了我想表達的重點。你們在自己的領域可以很強，可是跨足別人領域時，你們有很大的不足，可是礙於地位、礙於自尊、礙於面子，你們無法輕易的彎下腰來聆聽對方的所言、所想、所做，你們會主觀的思考『我該怎麼做才不會被對方爬到頭上來』。」一級主管，通病在於太強，忘了勝的重要性。

「**勝者，懂進退，知分寸，理大局。**」我們面對的是一場艱難的挑戰，當公司目標營收要求比去年成長兩倍，也許，你們每個人靠著自己夠強的能耐，以為能做到被設定之目標，可是真正的問題是：「如果你的團隊成員以及合作夥伴不夠強，那你又該怎麼做到原先所設定出來的目標？」會議桌上的每個主管此刻都面有難色，因為總經理點出來的問題，完全命中公司的核心問題。

「你們要勝，那就要能讓，讓的同時，要懂得怎麼進，進的過程中，得理解怎麼轉。最後，轉、進、讓之間，唯一驅策著你們共同不變的要素就是『勝』。」

例如商品部與銷售部，兩者之間永遠是水火不容。商品部常常怪銷售部做事不牢靠，銷售不佳反怪商品不好。銷售部一找到機會就挑商品部麻煩，整天要求商品部去規劃開發新商品，但手上的商品並沒有賣好，還雞蛋裡挑骨頭。

「要勝，那就要懂得去運用對方的強，補足自己的弱，提升轉化自身的中庸與平凡，讓出那麼一點自尊，追求彼此都要的勝利。」前面是舉例，但那也是你們眼前的公司文化。如果公司文化是建立在彼此互卡、互害之上，公司要成長，絕對只是空泛的天方夜譚。

你們要為公司求勝，得先放下自己，讓出原先所在意的事，真正去傾聽對方需要，偶而在別人面前示出懦弱的一面，那並非是弱，而是取勝的一種表徵。懂得讓別人利用你，你才有可能展現出有別於過去的另外一面；同樣的，懂得利用別人的你，理解別人該怎麼用才能發揮到最好，這也就是發揮綜效的最好開始。

「成為勝者，心無他物，唯有勝，才是心之所向。」

勝者不一定強，強者不一定勝。
勝者贏在懂得運用強者，來補自己的弱處。

總經理一席話，開啟我們三天兩夜共識營的一連串互知、互解、互理之旅，也讓每個人，稍微放下自己，心中多了點對方。於此換位思考的過程中，試著去理解彼此之間要怎麼做才能發揮「一加一大於二」的可能，甚至避免「一加一不等於二」的窘境。

勝者與強者最大的差別在於：勝者以全盤大局為重，強者以自身利益為先。

紀香語錄：

在不知道別人背後付出多少努力之前，選擇觀察、了解以及注視。知道別人背後付出多少努力之後，選擇支持、鼓勵以及尊敬。

能人所不能者，人當重之。忍人所不能忍者，人恆敬之。

---

04 能力與態度，哪一個更重要？

朋友問我：「用人應該看重的是能力還是態度？」這問題，之前某知名廣告公司董事長也問過我，過去公司總經理以及一位管顧公司董事長同樣問過這個問題。

大多數人應該都會回答：「態度」。

過去我也是一直這麼想。那現在呢？舉個實際例子，一位態度很好的同事，做事相當認真、配合、主動，而且對於自己經驗不足之處非常謙虛。在多數人眼中，他是一位態度很好的同事，給人一種親切溫暖的感覺。不過，他的能力卻普通，離「尚可」的標準還有一段距離，也因此，他的工作只要有協同作業的夥伴，經常就會聽到這些夥伴對他的工作表現不滿意而有所評論。

他因為能力還有待加強，加上許多相關職場經驗的理解不足，導致工作中很多問題無法解決，甚至許多問題到了他身上反而被放大、增幅。這位同事在公司工作的這段時間，其產值相當有限，不僅沒辦法達到公司的期望，甚至也造成整個專案進度與發展的落後。所以，他逐漸被調離一些重要專案，即便他態度很好，卻因為能力不好，導致最後壓力反饋到他身上。

態度好可是做不好，隨著挫折與壓力日增，反而回頭影響態度，從積極轉為消極。這位同事因為一直無法做到公司的要求，又無法做到跨部門之間工作配合的水平，結果不到半年的時間，被外在環境持續影響、改變，進而原本他那良好的態度慢慢消失，轉而變得被動，本來就做不好的工作，做得更差，最後他自己無法繼續承受，沒辦法面對自己，終究選擇離開這份工作。

可能有人會問：「難道他不具備基本能力嗎？」問題又回到：「用人到底是應該看態度還是能力？」

理想的答案必然是「兼備」。可是能力好的人難找，倒是態度「看起來不錯」的人還不少，你可能會懷疑：「這其中，有人會刻意假裝態度良好嗎？」沒錯，在面試時多數人態度都是良好的，但那只是一種表淺的社會禮貌，尤其是為了爭取工作時，想融入陌生的群體之中，人自然會做出迎合群體能接受的態度。但這卻不代表本質、本性，即使真正進入工作後態度一直很良好，也不代表就會有良好的工作績效。

剛才說的那位同事，只要撇開工作之外的事情，不論是個性或是脾氣，都相當受到同事喜愛。問題出在他所負責的工作目標門檻本來就不高，但他卻連那不是太高的門檻都達不到，遑論公司關注的項目在未來發展上能有什麼期待。公司畢竟得看員工表現來評斷適性，這位同事終究還是得離開。

這段時間，他所負責的專案，造成公司損失了什麼？少掉一些競爭優勢、少掉一些發展機會、少掉一些布局可能、少掉一些資訊接軌。以旁觀者來看，損失似乎說多不多，不過就少掉這個人在該段時間所做的事情沒有結果罷了，這件事情有可能會發生在每個人身上，在他身上因能力不足，無法完成被交辦的事項，事實上後果嚴重，連帶會讓許多工作延遲、停滯、消失。

可能你又會說：「知道他能力不足，那當初就不能讓他負擔太重要的工作吧！」每個人進到公司多少是要達成某些目標，依循某些目的。不論重不重要，公司付出去的每一分錢，多少都會期望「人效」的增加。這不是大公司、小公司之間的差異才會去計較之事，是因每個人每個月公司都得付出相對成本，不論該人在公司做多久，公司就得給付相對應之薪資。公司給付薪資之目的不外乎就是為了穩定發展、持續前進，每位員工都應該為了推動公司前進而存在、而進步。

要贏得機會證明自己，
就要讓人先看到你的存在。

教授曾說：「能力好態度差的人相對糟糕，影響公司層面更大。」剛開始，我認同他這樣的評斷。不過仔細想想，難道他這樣的講法客觀、科學、理性嗎？因為他並沒有清楚定義或解釋所謂的「態度差」是什麼，卻扣上帽子說「能力好態度差」的人會造成公司較大的影響。謹慎推敲這個觀點，其實他已經先入為主的設定了主觀立場，來評斷所謂的「態度差」與「能力好」之間的高低。唯一能這麼肯定的評論，應該是指「品性不良之人」產生的態度差。

那時候我認同教授的一大理由，是因為我正巧面對公司裡的幾位MVP，也就是所謂的「明星員工」，他們能力非常好，公司相當仰重，在業界可能因為他們的能力卓越、突出，所以公司對待他們特別禮遇，連同給薪也很高。問題來了，這幾位MVP在工作之中非常難搞，要求特別多，許多配合的方式也一如他們被「特別對待」一般的特別複雜。當時跟他們工作壓力極大，為了不意外擦槍走火，講話或是互動都得小心謹慎。

即便盡量避開對方的地雷，總會有意外發生。某次，我去關心對方出席狀況，沒想到卻觸及了不可碰的底線，令他怒火中燒，一股腦直接往老闆那告狀。這一告，茲事體大，他說他「不想幹了」，並告知老闆得在我與他之間做出選擇，不做選擇的話，他要立刻離開公司，而且表達了想要挖角他去的公司大有人在。

這一宣告，老闆緊張了，立刻把我叫過去，在那房間裡足足罵我將近快要四十分鐘，最後要我出去跟他賠不是，說以後不再主動干涉、不再過問。他勉為其難的接受我的道歉，彼此回到工作崗位上繼續原本的事情。

在公司裡，常會聽到ＭＶＰ們抱怨公司哪裡不好、誰做的不當、哪些事情看不慣，不管他們怎麼說，我只能靜靜的聽、靜靜的想，不能隨便亂回應，因為要是一個不小心，他們離開公司，可能某些重要事情就此停滯不動，對公司將造成莫大的損失和危機。

雖說如此，撇除態度問題一事，這些明星員工的工作能力著實令人驚艷。平常一個人要做十五天的專案，在他們手上，甚至是某個人手上，可能三天就有答案、五天就能完成整個專案。一個ＭＶＰ負責的專案，工作效率與品質，可能就是一般人負責的兩到三倍，而且工作結果仍具高水準。這是所謂的「天才」，脾氣難搞、脾胃難養，可是有著再多人都比不過的天分與能力。公司無法突破的障礙或困難，找他們通常會迎刃而解。

我很糾結於這種現況，因為他們的表現是如此傑出，可是態度難搞至極。

只要做得出名堂，說什麼都是對的；
只要做不出名堂，說什麼都是錯的。

我以為用正規化的管理方式能改變一個人的態度，不過卻沒有想過在與這些人的配合過程中，問題不一定是在某些特定的癥結點中，反而可能是因為我本身的不適應或不習慣，才無法有效找出適當作法來與對方互動、溝通。工作過程中，因為我不斷告訴自己他們態度是錯的，這先入為主的立場，讓我看他們的眼光也變調，以致於我用眼光和那種心態因應的行為來應對他們。

綜合前述兩個例子，我認為「能力和態度哪個重要」這答案因人而異，但要是現在的我，我會選擇能力好過於態度的工作夥伴。因為，**有能力的人難找，專業度足夠的人難尋，而有時態度的問題，是可以彼此互相尊重和讓步，就能相安無事。**

或許會有人覺得：「能力不好，找進來培養就夠了不是嗎？只要對方態度夠好的話。」我認為，這會有幾個隱性無法被解釋的問題存在：每個人程度不一，無法有效確保這人在多少時間內，可以培養到工作需要的職能。即使培養起來，不代表未來態度就不會變差。尤其職場上，常會遇到辛苦耗費時間把能力帶起來的人，結果說走就走，毫不留情。

也許你會說：「那是因為公司制度與職涯發展沒有配套，所以難留人，讓有能力的人委屈了，錢又沒給足夠。」光是用這句話來形容這種處境，基本上已經有點不恰當，畢竟在他能力不足的時候，公司願意花心思培養，給時間、給資源、給機會讓他成長，甚至公司在耗費「培養員工能力」的過程中發展變得緩慢，前進速度趨緩，能夠贏得市場的競爭相對有限，以至於無法給員工更高的福利，而有些人卻回頭來怪罪公司給的不夠，毫無感恩回饋之心。

一間總是在培養員工能力的公司，競爭力就會一直停滯不前處於低水平。因為公司靠的是消耗既有有能力的員工之工作時間、精神以及客戶服務的機會，來換取一個能力不足的人成長，這段過程中，勢必公司的整體競爭力無法等比成長，而是緩步衰退。能力好的人會因為要帶能力不好的人耗費心思，可是卻同時得兼顧公司發展，工作上萬一有閃失，這些能力好的人反倒先被淘汰。

同時，能力不好的人雖然日漸成長，卻不代表他的狀態「一定」會比原本帶領他的人要來得更好，也許可以期待他在能力增長後，能遞補或解決某些公司的問題，但就實際現況來講，或許他僅能到達能力好的人的某種程度，卻很難在能力好的人因為被過度消耗後，肩負起重任，銜接原本的重要工作也就是一加一反而小於二。原本能力好的人，也因為培育他人讓原本的工作表現小於一了。

說是成王敗寇也好，說是成敗論英雄也罷，
但，這社會不會只有二分法，也不是只能二分法。

這會形成幾種狀況：一是能力好的人離開，能力不好的人留下，可是卻承擔不住也跟著離開，產生惡性循環；另一是能力好的人原本態度還好，可是卻因為得承擔能力不好的人被雇用進來時的培養重擔，導致該專心做好的事情沒有辦法做好，而態度逐漸變差，後來在企業之中邊緣化，進而還是離開。又或者是被培養起來的人，開始要培養下一代，這才發現太困難，最後也離開公司。

或許有人會問：「但總會有被培養起來的人，能承擔某部分工作，並提昇團隊整體戰力吧。」這種樂觀現象確實有，可是相對比例不高，這是個「看不見的隱性投資」。企業應該投資在人才的成長與培育之中，我非常認同，至今我所從事的工作也是如此，不過我前述的說法或是立論，都是建立在中小企業的「現況」之中。中小企業要具有獲利實力與能力，基本上得面對市場的現實競爭挑戰，本當團隊組織裡的人都得具備某種程度的能耐。因能聘用的人少，每個人在工作崗位上都得負責相當程度的企業發展。公司可能一天沒有獲利，可是卻不能一天不付薪水。能力好的人得訓練人帶著起來，同時間還得肩負起公司營收增長與穩定的責任。可是反觀能力不好的人，在每天上班的過程中，是在消耗團隊向市場取得發展的機會，這些人的差別只在於消耗的比例多少而已。

問題出在於，**當企業「能力好的人」沒辦法花足夠心思把「能力不好的人」帶起來，這時，勢必還是得先把原先交付的工作做好，因此能力不好的人無法被有效的訓練、培養，成長幅度有限，在企業之中因此形成一種慢性且惡性的拖累。**

正常工作者一天能做好的事情，能力不好的人得拖上五天，這就代表該團隊的前進得耗上這五天的時間。原本一天能推進的步伐，卻因為員工能力的關係延後五天，競爭力就是落後五天，團隊之中有太多這樣的人，整體團隊的發展會非常緩慢，每件事情都會拖很久，甚至久久沒有下文，最後企業終得面臨營收不佳、收入不穩、營運困難的窘境。在這當下，經營者還會有時間去思辨「我到底得用態度好還是能力好的人嗎？」**公司要的就是具有「即戰力」，或者是明確具有某些潛力值得栽培，以及能夠長期配合的人。**我刻意避開「態度」這件事情來談論，原因是態度可以溝通，即便不能溝通，只要有能力的人可以創造出相對產值，那就絕對好過於態度好但做事「什麼都沒有」的人。

有人可能會懷疑說：「能力不好但態度很好的人，難道就沒有產值嗎？」如果滿分是一百，我自身經驗是能力好但態度不好的人，其產值平均可到達六十，但能力不好態度好的人做得要死要活，可能也只有二十，這中間的斷層，很明顯

一間總在培養員工能力的公司，
競爭力會一直停留在低水平。

會在公司的績效表現上看見。

我絕對認同培養人才這件事情的重要性，只是技術上困難，風險代價極高。中小企業面臨的窘境主要是找不到有能力的人，或是公司條件無法吸引有能力的人加入，如果能物色到堪用之人，人才用得好，企業就活得久，用不好就短命。有些公司經營歷程中為了將就現況，把有能力的人和沒能力的人編成一組，試圖想要在中間找到平衡點，風險在於要是平衡點沒有出現時，工作績效就會逐漸崩解，經營壓力會從內部開始潰散。

我想談的是企業經營者的態度，想要什麼樣的結果，就得用什麼樣的人，不同能力的人會產出相對不同的結果。一如我在企業擔任顧問時，常常被問到：「老師，我們公司的人普遍專業能力都不夠，現在我一個人做得要死，該怎麼辦？」其實我想反問的是：「這些人不都是你請進來的？肯定是礙於什麼理由沒辦法請他們走，又必須提昇能力，所以我這顧問才會在這不是嗎？但這治標不治本，你知道問題是什麼，必須面對它並且解決它。」**千萬不要將就於現實的人力而妥協，因為培養一個人需要時間，但企業最缺的也是時間。**

時間，決定了一間企業在市場生存的籌碼，一間可以在越短時間內搶占越多資源的企業，其生存力量越強。**決定企業生存力和反應速度的快慢，看的是內部人員能力的平均水平。**

誠如一位主管說過：「團隊裡，當遇到一個人的能力是零分時，那只要跟他有所交集的人，在該領域都有可能會得零分。」選能力還是選態度？站在經營者的角度，面對營收穩定與成長壓力，我會選擇「能力」，並調整我自己去適度習慣對方的「態度」。

紀香語錄：

做錯不丟臉，丟臉的是做錯後還不認為自己做錯卻硬拗，落得場面越來越難看。職場上要有當責的勇氣，在一個場合被人糾錯，不要覺得丟臉，那是因為別人還把你當一回事，願意告訴你錯在哪。

05

呼口號不難，真正困難的是具體行動

職場上，不少人庸庸碌碌做著各式各樣的工作，我常常會在辦公室裡看著每位不同的工作者，試想著有多少人真正在乎這間公司。

我曾經跟一位朋友聊過，我問他：「工作之於你的意義是什麼？」

他回我：「能盡心盡力為公司做點事情，對我來講就是一大意義。」

我更想問的是：「那你所做的這些事情對公司來講有意義嗎？對你的意義也許重大，但對公司同樣也是嗎？」

某日，我跟一位朋友聊天，他特別找我，跟我分享一些近期的工作心得。我聽他說了很多，也聽到很多想法。聽後，我問他：「你覺得自己具體來講替公司創造多少價值？我指的是實質看得到、感受得到、體會得到的績效。」

他沒有正面回我，只說：「我幫公司做了很多事情，每件事情都盡心盡力去做，我會試圖做到最好，做到公司的期望。」我不加思索的挑他語病：「試圖？意思是不一定囉？」他看看我，想了一下，說：「這世上哪有一定的。」

公司「一定」要發薪水，「一定」要照顧員工，「一定」要讓員工工作環境無安全顧慮，除此之外，有的員工會要求公司「一定」要有福利，「一定」要有獎金，「一定」要可以加薪升遷，在這些一定的背後，其所有支撐的一切，竟然全是員工產出的「不一定」。

我問他，這樣說合不合理？他聽後，面有難色不願多談。

我又問他一個問題：「你能說出你在這公司帶來的最大貢獻，以及替公司所帶來的具體成長或營收嗎？」

他回我：「我不是業務，怎麼可能帶來營收，貢獻怎麼可能輪得到我，我做的工作在公司無足輕重。」

我又問：「你無足輕重的話，那公司為什麼要請你？」

他說：「可能缺人手吧？」

我又反問他：「既然你都在這公司了，你能不能讓自己變得很重要？至少對公司來講，因為你的產出與貢獻，令公司非常需要你，相當看重你，這點可以嗎？」

他問：「為什麼我要這樣？」

對，其實不是每個人都有必要如此對待公司，但是搞清楚一件事情，當你說出「我願意盡心盡力為公司付出」這句話的背後，應該是真正採取行動，做出具體成果，得到真實成效，而非只是一個口號，換一個聽眾的鼓掌或是認同。**真要讓自己做的事情有意義，要先去了解到底做什麼事情對公司有意義，而且是具體的意義。**

他聽後，不解的問我：「那你認為我該做什麼？」

我說：「你覺得你最有價值的地方在哪裡？以及當初為什麼公司請你進來？」

我跟他說：「經營公司，我最怕看到那種營隊文化，也就是大家都嘻嘻哈哈的，表面上看來超歡樂，每個人都像是營隊的小隊長，每一隊都像是在參加嘉年華會一樣，看似大家對事情都超投入，付出超多熱情，可是最後結果全都無法直接帶給公司營收上的增長。」

他不解的問我：「像你這麼市儈的話，沒人會跟你工作！」

他講的沒錯，我接著說：「一間發不出薪水，看不到未來，老闆快跑路的公司，但卻工作很歡樂，你會想要這種工作嗎？」

他想了想，摸了摸下巴，肯定的回我：「當然不會要！」

我認真的跟他講：「責任老闆扛、薪水老闆發、法庭老闆上、賠罪老闆去，什麼都讓老闆負責，做員工的做不好，或是認真做但是沒結果，所有的事情都要老闆擔，最後老闆這條船沈了，即便你跟他一起待到最後，但你能為他擔起所有的債務或是失敗責任嗎？當然不可能，也不可行，你只能默默的在旁邊看著，看著老闆就這麼沈到海底去，要你伸出一把手，可能都會害怕被拖下水。」

我說完，他有點不高興，他說：「我能做的就是盡力把手邊工作做好，做到別人要求我的標準，其他的事情，我怎麼知道能掌控到什麼程度。」

我反過頭來跟他講：「換個角度好了，今天薪水你發出去，你會希望請來的人可以幫你做什麼？做些行政打雜的工作？做些康樂引發團體氛圍的活動？做些溝通協調與討論商議的工作？請告訴我，你最希望這個人可以幫你做什麼？」

他說：「當然是要他把我給他的薪水賺回來。」

「對！正是如此，不花自己的錢，做事情都很悠由自在，畢竟大事小事都是老闆的事，天塌下來有老闆扛，薪水拿不到就質疑老闆不夠力，但你覺得每個老闆都是天生下來自找麻煩的嗎？」我問。

只有相信自己所信的事物，
原本的不可能才會變為可能。

他回：「很多事情老闆一開始都要想清楚，沒想清楚是老闆的責任，不是嗎？」聽他這麼一講，我靜下心來，大呼一口氣，我問：「所以你沒有責任嗎？你是公司的一分子不是嗎？你先前講的盡心盡力是怎麼一回事？」

「那就是依照老闆交代的去做啊！你搞不清楚嗎？我就做好老闆交代的不就可以了！」

他有點生氣，我按捺一下他的脾氣，跟他說：「沒錯，做好老闆交代的事情，那老闆最在乎的事情是什麼？」

他講：「當然就是經營好公司，讓公司可以有營收，持續穩定走下去啊！」

我又接著說：「所以這算不算是你應該要去符合、應許的期待？」他一言不發。

職場上，我們每天都會聽到無數種好聽的話，不論是為了公司、為了老闆、為了主管還是為了自己，各式各樣好聽的話，那就像是啦啦隊的呼口號一樣包圍著我們，讓我們以為自己活在安逸、順利、悠哉的世界之中，彷彿外界的紛紛擾擾都與我們無關。因為有公司作為保護傘，做什麼事情就是公司撐著，自己一次、兩次做不好，找個理由搪塞就過，多次下來，了不起就是搞得裡外不是人，換份工作就算了。可是問題在於，這段時間所消耗掉的公司資源、成本與費用，誰來貼補？誰來換回？」

我曾經就像是對話中的那一位朋友一樣，自認為對工作盡心盡力，付出許多，做了很多自以為了不起的事情，但之於公司來講，無足輕重，更重要的是，我沒有想過能為公司做出多少成果，而是去計較公司應該給我多少，這一來一反之間的落差，造成我慢慢變成公司的冗員，可是我卻不自覺的還是喊著「為了公司好」的口號，打著「為了公司好」的大旗，自顧自的做著那些對公司不一定能直接帶來幫助或效益之事。

請不要誤解我的意思，我並非指每個人都應該跟銷售、行銷工作直接掛勾，而是在談一個人於一個職務上，應該可以有的貢獻，甚至是應該要有的具體產值。要做能令公司存活下去，長久下去的事情，而不是去做一些自認為有意義，但對公司卻不一定有意義的事。這很難判定沒錯，因為每個人做的事情，都是依照公司對我們的期待而來，可是真正問題在於，依此期待下，做到的是純粹流於表面應付，還是打從真心希望公司變得更好、變得更大，讓自己的工作看起來更有價值的事務。

牛頭不會對上馬尾。當一個人觀念不對、態度有誤，錯解了一件事情後，那

現在的你，無論想什麼都不會有答案。
踏實地做著做著，自然會看到答案。

後面大多的期待和結果也會跟著變調。

公司要維持下去，靠的是每個人在對的事情上持續貢獻，不是單方面等公司要求了再去做的被動反應，更積極的是看員工對於公司的投入，期望公司要如何成長，要怎麼去達成這個成長目標，都是員工值得去思考、深究的課題。沒想通，做再多自以為「盡心盡力」之事，永遠都無法體會「把事情做好，不如做對的事情」這個道理。

紀香語錄：

一個人的高度與氣度，不是看自己硬挺挺的風骨有多倔，而是在於彎腰能彎多低、蹲著能蹲多低，蓄勢待發等著累積能量，直到再次奮起，重新以正確、正直的姿態，在別人面前告訴他們：「這次，我做對了！」

06 烏托邦裡沒有草莓——給實習生與菜鳥的話

好長一段時間沒有跟新報到的同事講話，有天下午特別花了點時間跟新來的實習生聊一下。或許是因為特助推薦以及這位實習生的積極，讓我一時又情不自禁想跟實習生聊一聊他的未來計畫。

我問了他幾個問題，第一個問題是：「你未來想要做什麼？」第二個問題則是：「你有什麼樣的計畫？往那個方向前進？」第三個問題則是：「你願意付出多少代價，實現那個不一定可能被實現的未來？」最後一個問題是：「在你眾多的想像之中，要實現未來，應該要做的第一件事情是什麼？」

他回答我：「行銷，我想從事行銷。」我反問他：「你對於行銷的想像又是什麼？可以舉例嗎？」他回我：「像是未來可以到大的 Agency 去做，又或者是在數位行銷工作。」我聽他講了之後，跟他分享一個小故事，是一個剛出社會實際做行銷的故事。

以前我有個同事，他同樣對行銷有相當的熱情，希望畢業後可以到數位行銷公司上班，而他也順利進到數位行銷公司。只不過，從他進入那瞬間開始，他似乎發現這種行銷工作不大像是他所期望的那樣。他被分配到關鍵字廣告的行銷單位，他的工作就是每天整理大量關鍵字，靠著一張滿滿都是字詞組的 Excel 檔，每天在上面記錄下各種可以用的關鍵字，以及描述形容關鍵字的重點。

他的日子就這樣一天過著一天，每天重複十小時。十小時工作內容全部都是去找關鍵字、發想關鍵字、整理關鍵字，然後針對不同關鍵字去細修、調整關鍵字的形容，還有很重的工作是整理數字報表，將每個關鍵字的數字報表整理清楚。

他以為行銷是一份很閃亮、充滿著各式各樣光鮮亮麗色彩的工作。是的，他的想像沒有錯，當行銷領域做到某個高度或程度，會有很多的機會處理到知名品牌的國際案子，又或者是將公司的企業形象帶往國際發展，此時，行銷人員會站在第一線，接觸媒體、接觸客戶、接觸合作夥伴，出席各種不同的重要場合，談論著重要的發展策略。但是這一切，必須是在工作累積五年、十年、十五年之後，才有機會慢慢體會的東西。

在這之前，行銷的所有工作不外乎就是做著大部分人眼中的「雜事」。到底有多雜？像是每天上網搜尋資料，搜尋一整天不一定能找到自己想要的資料，然後跑圖書館或書店，去翻翻書或當期、過期雜誌裡面，看有沒有自己想要的資訊。如果很不幸的沒有，那就得要重頭開始，重新企劃自己發想的方向，找出一個知道以及理解怎麼投入的領域。這種工作，相當枯燥乏味，無聊到會讓很多人受不了，原因無他，因為，「你就是在做著看似一點產值都沒有的事情」。

接下來，一年又一年過去，你會開始懷疑在行銷的領域裡，到底發生了什麼事情，懷疑這份工作是不是真如自己過去所想像的那樣？我只告訴那位同事一個觀念：「**做，就是一直做，做到你覺得膩了、煩了、累了、痛了、疲了，然後告訴自己，休息一下再做就是。回頭，再繼續去做，如此反覆下去。**」我告訴他：「你不要想，現在的你不論想什麼，都不會有答案，你要是真的想追求答案，做著做著，你自然會看到答案。」

我跟他分享過去我剛進入企劃領域的日子。在我進入企劃工作的第一個月，公司裡的人看不起我，沒有人把我當作一回事。理由無他，不外乎就是我的經驗跟專業不足。當時，甚至我還被一位很信賴的朋友嫌棄，他當時已經貴為一間創意執行製作公司的執行長，他對我說：「做企劃是產業鏈裡面最沒有價值的，沒

求生存是人天生的本能，
職場上的競爭就是場生存戰。

有人知道你能產出價值，客戶也看不到，你充其量就是當個文案，你做企劃百害而無一利，何必投入這領域，浪費你的天分和天賦？」

我同意他的說法，畢竟十多年前的社會氛圍，企劃這工作在大多公司裡面沒有配置，通常都是設計或業務兼著做，沒有專職企劃在做，更遑論哪有什麼編輯，公司裡的設計要負責企劃、文字、編輯與提案，能做就做，怎麼會有多餘的職缺可以分配給所謂的企劃來做。因此，那一年，我卡了一個很怪異的位置，公司同事不支持我，老闆搞不懂我，客戶弄不了我，大家對我的存在就是一個問號。

那天之後，我的人生就是埋頭在大量的文字裡。我上網找資料，網路上什麼都沒有。我跑圖書館翻書，書裡又長又臭的資訊，多到讓人不知道該怎麼下手。就在這種沒有概念也沒有支持的情況下，我硬著頭皮幹了好幾年。那些年的日子就是什麼都做，什麼都不奇怪。公司沒有人會畫流程圖，那就我來畫；公司沒有人會設計系統架構，那就我來畫；公司沒有人會設計行政表單，那就我來做；公司沒有人會做標案書，那就我來寫。

反正做就是了。從一份企劃案，變成十份企劃案，到後來幾百份、幾千份。電腦裡的檔案從數十個檔案，長到數百個，後來數千個、數萬個。涵蓋領域從一般文件、合約、報價單、提案、規格表、採購清單、作業流程、績效評核表、財務入出帳表、需求訪談表、客戶管理表等，各式各樣奇奇怪怪的文件，布滿在電腦之中，我一直以為，我幹的是一個莫名其妙狗屁倒灶的企劃工作，惡搞自己那麼多年，結果好像把自己搞成一個文書作業處理人員。

但我卻沒有想到，那些年的「做就是」以及「什麼都做」，帶給我充足、豐富的跨部門溝通經驗，透過文字與文件這些工具，我了解到不同部門之間的狀況，並且將他們之間的問題，透過各式各樣的溝通記錄在文件裡，再將文件變成人與人之間溝通的重要工具，這包含了公司與客戶，同事與主管，老闆與股東。做的當下，我從沒有想過這些事情能發揮如此大的功效。甚至在撰寫公司介紹時，我也沒有想到能累積出後來替品牌寫文案的經驗。

我跟實習生說：「你現在做的事情看起來很無聊，很枯燥乏味，也很讓你不好受，你肯定不會有什麼成就感，但我想要告訴你，成就感要自己去找，不是別人給你，你想要什麼，全靠你自己的雙手去爭取。你要的沒拿到手，那就是你用的力還不夠，你得再更加的用力，一直用到你脫力、無力後，你開始質疑自己要不要再繼續下去。這時，你的人生才是真正開始轉動，你的職場生涯從那刻起才

那些你看不上眼的小事，
每天都得去做，持續去做。

算是正式開始。」

你要的，自然會向你靠近，只要你持續付出，你必然能看到那些曾期盼過的美好。關鍵在於，你能夠為了你的目標與理想，堅持奮鬥到什麼時候，在歷經一次又一次的挫折跟失敗之後，你是不是能夠理解每個失敗都是開始，而非結束的終點。

紀香語錄：

生存靠的不是別人、靠的不是環境，靠的是自己的本能，如果搞不清楚生存、不懂市場競爭、不了解生存本質，這種人的人生值得你去為他投資、耗費精力時間嗎？爭氣，是替自己而做的，不是別人來幫你做。

07 是工作找到你，還是你找到了工作？

「老闆，可不可以告訴我要怎麼做才能跟你一樣？在你二十八歲這年紀，掌握一間數百名員工的公司，並獲得許多人信賴，其中有沒有什麼方法或公式，能獲得如此高成就及收穫。」那年，我才二十六歲，無知的問出此問題，試圖想找出成功的捷徑。執行長沒有回我，他只告訴我一句話：「事情不像你表面上所看到的那樣簡單、單純。」隔年，一位董事長與我閒談之間，間接解答了這個問題。

「紀香，你有沒有想過要成為什麼樣的人？」董事長問。

我那時候還在摸索，沒有很清楚，只是簡單的說出「成功的人，能賺錢可以擁有一間了不起公司的人。」他再追問：「那你覺得成為那樣的人需要做什麼事情？」「我不清楚，但應該不會是我現在做的事情，可能會是一些更了不起的事情或機會吧。」他再問：「什麼事情會讓你覺得了不起？」董事長不停的問，讓我有點慌。

「像是董事長一樣，做那些大事、了不起的事、沒有人能做到的事。」董事長聽了竟然大笑。

我們閒聊一陣子後，他回頭問我：「哪些算大事，哪些又不算是？你又怎麼去區分呢？」我還記得當時回說：「比方說談合作、拿下大案子、贏得更多合作夥伴的加入，諸如此類的吧。」董事長搖搖頭，他說：「沒有小事堆砌出來，又哪來的大事可做，你懂這道理嗎？」我表示不太懂，他換個話題跟我聊：「你怎麼看這份工作呢？現在這工作對你的意義為何？」這問題不好回答，因為一個沒回好，可能工作就沒了。

「是一份好工作，公司環境很好，同事相處的氣氛很融洽。」

「你沒有回答我的答案，這工作對你有什麼意義？」我知道不認真回答這問題肯定不會被放過，於是很直接的說：「對我而言，可能不過就是份工作而已。」董事長點點頭，他靠近我說：「對，你講的沒錯，其他員工可能也是這麼想，而我想再次問你，如果這份工作對你的意義不過就是份『工作』罷了，你怎麼會覺得能去做什麼大事呢？」我還沒聽董事長講完，立刻答：「可是那些主管或是你，因為坐在這位置上，才有機會接觸那些大事不是嗎？」

「如果沒有你們每天堆砌、推動各種事情，那也不會變成大事。」他說。那時，聽他這麼講，感覺像是在敷衍我的說法，當下沒有特別聽進去，但他繼續跟我聊：「工作對你來講，可能不過是份工作，但對我來說，那是一份事業。」他說出這句話時，我沒意會到也就是這句話，讓他變成現在這個人，成為照顧千人以上的董事長。

董事長跟我分享了他年輕的一段歷程：

剛退伍時，我實在不知道能做什麼工作，學歷不高又沒有社會經驗，同學們一個又一個進工廠去做。可是我真的不想做那些事，看起來無聊又無趣，而且其中一位同學還因為意外失去手掌，現在工作不便，想做點事都顯得困難。我不想跟他們一樣，因此失業了好陣子。在我們那年代失業很丟臉，街頭巷弄的鄰居會把你看得像垃圾或廢物一樣，特別大學畢業的人少，基本上退伍都肯定有事做，像我如此無所事事的人很少，非常少。

那一年，我每天到菜市場閒晃，看逛菜市場的人們都在做什麼，順便跟那些婆婆媽媽聊天，也看看菜市場裡都在賣些什麼。菜市場裡當時賣的東西不多，但有幾樣東西吸引到我的注意力，特別是衣服、飾品、化妝品。我發現菜市場裡很

與其過度去期待，倒不如平靜去看待。

多婆婆媽媽在買菜、買肉的時候，會順便去逛逛晃晃那些化妝品或服飾。我看了好久，一直在想「為什麼菜市場可以賣這些東西，而那些攤商又是為何在這擺？」

我觀察好一陣子後，跑去問其中幾個攤商，他們的答案大多相同，於此設攤的理由是「來買菜的都是婆婆媽媽，大家買菜的同時，可能就會順便逛街買衣服或買化妝品。」我問他們賣得好不好，他們說普普通通，買的就是那些人，不買的也就不買。我後來想想，反正也沒事情做，乾脆叫那些攤商賣不掉的東西給我賣，讓我來幫他們賣，我只賣化妝品與保養品。攤商們想說有人願意免費幫他們賣，很快就答應。

起先，他們以為我要一起做攤位生意，但我完全沒這打算，我把一些看起來還不錯的商品整理包裝起來，放到一個大行李箱裡，然後手繪些裝飾用的海報，接下來，我拿著商品向左鄰右舍說明、推薦，並且告訴他們商品有哪些特色、好處，甚至我自己一開始先投資買了幾項商品作為試用品，提供對商品有興趣的人能夠嘗試去用看看。第一年，好慘，親戚朋友看我一個大男生做這種事情都覺得很丟臉，同學們知道我在做這時常取笑我，還把我當做同性戀，認為我是個娘娘腔。在那六十年代，沒有太多人接受我的作法。

我硬著頭皮，一條又一條街的拜訪，一區又一區的去跑，從一個客戶變成兩個客戶，從十個客戶變成一百個客戶，花了快要五年的時間，我慢慢做出知名度，甚至還有曾經嘲笑我的同學加入一起賣。我記不得一條街走過幾次，我也不清楚到底壞過幾個皮箱，可是我卻記得每一個買了我商品後的感謝笑容，他們的笑容，成為我每天最期待的鼓勵。

我不懂做生意的方法或技巧，我不了解要怎麼賣才能把商品賣得好，可是我既然選擇要做這事，我就不能去想、去挑剔這事會有多困難或麻煩。畢竟，是我的選擇，我的決定，我沒有放棄的理由，即便這事看起來有多烏、多沒面子，甚至根本沒人支持我，社會氛圍鄙視像我這種沒有生產力價值的男人，可是這是我的事業，是我人生想要闖一闖的事業。年輕不闖，難道要等老了才來遺憾、後悔嗎？

因為商品賣得越來越好，我得讓這件事情變得更像樣，所以我開了間公司，從原本不到十人，慢慢變成二十人、三十人，由一間默默無名的小公司，變成很多化妝品、保養品爭相合作的銷售公司，我意會到這不再只是我個人的事，公司成長遠超乎我的想像，要管人、帶人，我沒辦法像以前那樣單純去外面跑業務，因此，我得花更多時間留在公司裡，幫忙大家打理許多事情，像是下訂單、處理瑕疵品、做客戶聯繫，好多好多的事情快把我壓垮，可是如果我不做好，那些在外面跑的同事就會被我卡住，而且這些事情又非得最熟的我做，我得成為支持他們的那雙手。

曾經，我一度想把公司收起來，因為好累，真的好累，我不知道繼續下去會怎麼樣，可是看著同事們一張又一張相信我、信任我的臉孔，我只能告訴自己，再苦，都得撐下去，再累，都得奮戰到最後一分一秒，是不是我要的已經不重要，比起我自己想要什麼，我更在乎我身旁的人想要什麼，他們想要穩定的生活、快樂的家庭，他們重視的事情變成我重視的事。

同事們想要的我就去做，我想要的他們會為我而做，沒有人當這是一份工作，每個人都當這是自己的事業在衝，大家不會去計較大事、小事，即便沒事，還會特別去找事情做。其中有一位同事讓我印象深刻，他看到一位同事沒有業績，還把自己的客戶介紹過去，告訴他自己的客戶說：「嘿，這是我最信賴的兄弟，他比我還會做，以後就讓他來服務你們，有什麼需要跟他說，他處理不好我會修理他，給他試試看吧！」

後來我終於想通。**雖然我做的事情於現在看來微不足道，但正因為過去我做過如此多的各種事，慢慢堆砌出現在的成就，更重要的是我發現把工作當事業做，很多事情從原本的「怎麼可能」會逐漸變成「原來如此」，而你得到越來越多的「原來如此」後，則會變成「就這樣做」。**所謂「就這樣做」是我跟其他同事間培養出的默契。

當我們在想一件事情該怎麼做時，不會去計較你我，大家在過程中遇過的麻煩、問題會拿出來互相討論，講久了，每個人會有自己一套處世方法，事情「就這樣做」，做多就有默契，彼此有默契事業就會大。

如果你只是把你的工作當工作看，你會相對消極、被動，反正有人找你做你才做、有人需要你做你才做、有人要求你做你才做，你遇到問題不會想怎麼解決、你遇到困難不會想要怎麼跨過、你遇到障礙不懂得要避開，你只會硬著頭皮迎面撞上，撞壞頭後受了傷，再催眠自己公司就是這麼爛、這麼糟糕，而這樣的公司不僅要為了做不好事情的你付薪水，還得為了你去收爛攤子。

想想看，工作到底對你而言是什麼，你是把工作當工作看，還是當事業看，你是做事業還是做工作，你是為了什麼而做，再者是，你是怎麼看主管、看這間

別把自己看得一點都不重要，
也不要把自己看得過度重要。

公司、看待在你生活周遭的所有人，請想清楚，因為**你不僅是為自己的人生負責，你還得對所有跟你相關的人負責，負起那個他們對你有所期望，你也不想讓他們失望的責任。**

董事長那時一番話，深深震撼了我。原來那些我看不上眼的小事，在他過去的日子裡，每天都得去做，才能去發掘、發現讓自己更加茁壯的養分，才有機會去培養出做大事、闖事業的可能。

紀香語錄：

如果，你會產生那種不想去公司的念頭；如果，每一件事情做的都令你有氣無力；如果，生活提不起勁、找不到動力；如果，你覺得做再多都得不到想要的；如果，都是事情找上你，而不是你找上事情；如果，因為一些職場上的大小事，會影響你一天、兩天、三天的情緒。

那麼你必須重新思考自己到底做了些什麼，因為顯然你做的，遠遠不及你自身所期待。

08 面對期望值，是公司爛透了，還是你？

如果有人說，應徵一份工作是不抱著期望而進來的話，老實講那是騙人的。不論是什麼工作，一定有相對期望，有的期望是薪資、有的期望是職位、有的期望是成就，有的期望是一種認同。

不同期望給了不同的人動力。在職場上，我最常問的是「如果我是你的主管，你對我有什麼期待？另外，你們想不想知道我對你們的期望？」不期不待、互相沒有盼望最令人擔憂，因為那代表著雙方沒有動機、沒有一個共同理由，沒有對等信念在看待一件事情。

過去，我始終不認為自己是位好主管。因為，只計較我所要的、只在乎我能得到的，不論我想要什麼，絕大多數時候，必然要滿足的條件就是去迎合主管、老闆的期待，這點，在計較個人利益時很清楚。可是成為主管的人，如果只有計較個人期望被相對滿足，那換來只會是同事、同儕們的排擠與負面觀感。

如果情況允許，我會希望職場上的工作者，分享他們的期望，告訴我他們期望能在工作中獲得什麼，即便是薪水想要變得更高，我也希望能知道他們認為在什麼樣的狀況下可以被拉高。因為，職場上的溝通必須是雙向，能夠滿足彼此的期望，很多的期待才有機會被實現。

有些人可能會講，「工作不過就是工作，像我們這種無名小卒，怎麼會有機會去期望更高的機會、更好的發展、更大的舞台跟空間」。說起來現實也殘酷，是的，不是每一間公司都能夠去應付、吸收、消化每個員工的期望，但是這不代表身為上班族，不能對自己有所期望，不能去期許自己的未來想要怎麼發展。

每一個環境能夠給予的舞台都相對有限，不是每座舞台都為了某個特定的人去打造，當然也不會限制只能哪些人在舞台上表演。一個環境、同個屋簷下，每個人的所做、所為、所言，都會看在其他人眼中。自己期望成為一個什麼樣的人，會完完整整的呈現在另外一個人的眼中。

曾有人這樣跟我講：「我早放棄了，這公司主管爛透了，根本不會對他有所期望。」沒錯，**我們無法決定自己的主管是誰、無法選擇老闆是什麼樣的人，但是至少可以設定出一個自己心目中理想的主管形象，至少有個期待，或許日後有機會碰到時，會更加珍惜那個環境、那個當下。**

給自己一個理由，在工作上好好的繼續發展，更重要的是給予自己一個力量，告訴自己這樣走下去會更有意義。

現在的社會對不少的工作者來講，已經很少有一份工作能夠長長久久，而相對的公司能活得長久也不容易，以至於現在工作者換工作的頻率之高，相較多年之前遠遠多出數倍。正因為如此，挑戰變得更多、選擇變得困難、做出正確理想的抉擇顯得非常不容易，能夠在最後對於自己所下決定感到滿足的人，實際上少之又少。

我認為，去適應社會與企業之間的結構性變化，也給了工作者一個很好的機會，那就是「在不同的期望之間，有目的與目標階段性的完成」。也許，很難在一間公司滿足了自己所有的期望，如果有那很好，要是沒有，也不用心灰意冷。給自己一個明確的期望、給對方一個明確的期望，不論在哪個地方找到相對一部分的滿足，那都算是幸福。

想要得到什麼，那就得先看自己清不清楚到底想得到些什麼。不是每個都想要、每件事情都能圓滿、每個人都會做到理想的標準，這種不切實際的期望，只會令自己活在每一個機會與環境都得來不易，卻過得很痛苦的日子裡。

人生最大的遺憾，
就是自己沒有去正視自己重視之事。

別把自己看得一點都不重要，同樣的，也不要把自己看得過度重要，重要或不重要，全看職場上雙方的相對期望。試著給自己一些期望，告訴自己想要滿足那些期望；同樣的，去問問看別人對你的期望，嘗試去滿足對方的期望，就這麼樣的持續雙向互動，終將一步步勾勒出未來職涯發展的藍圖。

紀香語錄：

事情要做到好，要改的是做事的方法、技巧與態度，而不是換一件事情來做，那會落入不斷摸索卻無止盡的負向循環裡。

part 2

減少抱怨，求經驗

改變思維，就能改變現況

01 第一份工作教會我的事

我的第一份工作在求學時代，那時網路才剛開始，能有幾個網站數都數的出來，當時找工作有一大部分得靠報紙、雜誌與朋友介紹。我人生第一次試圖向人推銷自己，也是從那刻起。國中即將畢業，前兩年的時間我在「小歐」打工，當時被那老闆狠狠的拗了一筆，於是在畢業那年，我不再去那類型服務業的店家打工，我想找點不一樣的，至少讓我可以開心的工作。

「到底什麼樣的工作，可以讓我做得很開心？」

一個國中生，能想到的事情很有限，因此，我想了想，我最愛做的休閒就是看電影，腦海閃出個念頭「為什麼不去電影院打工？」只是怎麼知道電影院有沒有缺工讀生？坐著想再多也不會有答案，乾脆直接上門去問最快！我那時候準備了很簡單的簡歷，在書局買的那種制式簡歷，沒有 Word 能排版、複製貼上印的年代，每個人要應徵工作時都得寫幾十份那種制式履歷，我也是在那時候第一次寫履歷找工作。

那時候，交通不像現在如此發達，母親早期曾在日新戲院工作過，我選定從那邊的戲院開始。我跑去國賓戲院、日新戲院，向售票口小姐詢問有沒有工作機會，售票小姐要我在一旁等，她聯絡內部的人後再跟我說。印象中，已經過了一小時後，旁邊終於有人來接我。心情好緊張，我不知道自己能做什麼，能不能被對方聘用，講話結巴，人看起來又怪裡怪氣的，我在毫不意外的狀況下被拒絕。

沒有機會那就再找機會，我一路找，找到長春戲院。當時，靠著兩條腿這樣走，從西門町走回長春路再走到龍江路，不知道是什麼支撐著我，一路走到長春戲院，我抱持著可能被拒絕的心情，上門詢問是否有工作機會。售票口的小姐很快的撥了通電話，請我到後方的樓梯進辦公室去。踏入辦公室，那時一位親切的小姐前來問我：「你要找工作是嗎？」「對！我想要找一份工作！」我充滿期待的回答。

「我們希望可以找到長期的工讀生，而不是短期打工，你可以嗎？」聽她這麼說，我很清楚她的意思是希望我多付出時間在這工作上，但眼下沒有什麼更好的選擇，我點了點頭答應她：「我可以！我會在這邊做到你們不需要我為止！」她笑笑的看著我，然後她又問我：「你什麼工作都能做嗎？」「是的！只要有工作，我什麼都可以做，只要妳願意給我機會在這打工，我做什麼事情都可以。」她爽快的答應說：「那從今天起，你就每天來這做清潔工吧！這是一件很不容易的事情！」

「清潔工!?天啊，這是一份什麼樣的工作？我做得來嗎？」我一下子不知道該怎麼反應，那位親切的小姐帶我去認識清潔工作的阿姨，介紹她們讓我認識，她說：「這小伙子從今天開始跟妳們一起打掃。」再轉頭和我說：「要好好做，好嗎？你還年輕，體力比這些阿姨還要好，跟她們多學，你可以學到很多！」我點點頭，深呼吸一口氣，應徵工作的那天就直接上崗。我沒想到這麼快就工作，時薪印象中才六十多元，但對一個國中生來說，其實已經很足夠。

從那天之後，工作內容就是清潔大廳、打掃廁所、整理戲院影廳。那段日子，我們休息場所是陰冷昏暗的地下樓梯間，空間狹小，我一個年輕的小朋友跟三位阿姨天南地北的聊，聊了很多她們的家庭、生活，以及為什麼她們會在這邊工作。其中一位阿姨，她特別關注我，還常常問我怎麼看起來那麼秀氣，像個小女生。另外兩位阿姨則比我媽管教還嚴格，每當掃除空檔時，總會叫我拿課本出來念書，不准我休息，要我好好認真讀書。

一位看起來稍有氣質的阿姨，跟我說她曾經是位貿易公司的董事長，其他兩位阿姨聽到就會說：「又來了，又要講那段故事了。」她曾有一間很大的辦公室在南京東路上，公司十幾個人，一年營收可以做好幾千萬，她住在天母，有一間看起來氣派豪華的別墅。她以為工作與事業就是人生的全部，為了給小孩子最好的生活，她把女兒跟兒子都送到國外念書，一年沒有見過幾次面。

到他們長大成人後，阿姨事業越做越大，身體卻越來越差，去檢查才知道得了癌症。她不知道自己到底為了什麼在付出，拚了很多年後，結果死神卻來拜訪，她無力的什麼都沒辦法做。令她更難過的是即便她得了癌症，小孩在國外卻不願意回來看她，只是花錢請看護照顧她，人都已經很虛弱了，又只能一人孤單的面對眼前的未知與恐懼，阿姨她好難過，她講到這段已經泣不成聲。

她說：「**人生最大的遺憾，就是沒有好好的去正視自己重視之事。**」

當初對於要把小孩送出國念書有猶豫過，跟先生商量後，認為兩人的事業正在起飛，選擇將小孩送出國，他們也能專心的投入在事業之中。多年過去後，小孩子跟他們距離越來越遠，雖然生活品質很好，不過家人親情的連結變得很弱，只有逢年過節才會碰面，待個幾天後又回國，兩位小孩都在國外成家立業，留在

如果你過去如此，現在如此，那麼未來也會如此。
想要改變，就得從做出改變開始。

台灣的兩個老人家，變成他們在重要節慶時才會來拜訪的孤獨老人。

癌症治療那段時間，阿姨說她想了很多，她因為身體差也沒辦法再到公司去，索性將公司交給親戚去管，她專心養病。經歷了好長一段時間，終於身體漸漸恢復。我問阿姨：「妳沒有想回去以前的公司嗎？」阿姨說：「當然沒有！我不想再過那種日子，對我來講，最簡單的日子最困難，最難過的日子反而簡單。」阿姨她邊講邊感慨。我問她：「那你的小孩後來怎麼樣？」阿姨說：「祝福他們囉，他們有他們的人生，做父母的我也不能太自私，我本來就要顧好我自己，不要成為他們的包袱就已足夠。」

「你知道嗎？**人生有很多值得去追逐的事情，但你千萬不要忘了你的家人，也不要用各種理由支開你的家人，有些珍貴的事情消逝過就不再回來，你要事業有成也得要家庭有成。**我是個活生生的教材，你要記得。」阿姨聊到這些，眼光總是泛紅，講完，我們又開始繼續一天的清潔工作。

我每天工作就是掃除，沒有別的，戲院哪邊有髒污我就要到哪邊去清理。印象中，有一次一位客人不知道發生什麼事，把馬桶內、外弄得全是排泄物，也有人將衛生紙全丟到馬桶裡造成堵塞，把整間廁所搞得大淹水。連我都難以想像，一天之中，我可以花在馬桶清潔上好幾個小時，阿姨們會要求我每次清潔都得把馬桶洗到像是新的。每場電影結束散場後，我都得重新清潔一次。那幾年，長春戲院的衛生評價是台北市第一，很高興我曾奉獻過一些心力。

每天，我提著清潔劑一輪又一輪的將整間戲院的每個角落清乾淨，阿姨們緊盯著我每個動作，她們罵得兇，有時候看我沒做好，甚至會很用力的打我手背，起先真的很不適應那種工作文化。直至某次我不小心，擦拭一扇影廳入口門的頂端時，因為沒有聽話戴手套，結果重心一個不穩，手就這麼從門上劃過，鮮血立刻噴出來，阿姨們看到緊張的跑過來，邊哭著邊罵著，要我小心注意不要再發生意外。

我在長春戲院工作大概半年的時間，從沒想過我能做清潔工作一做就是這麼長，而且還跟戲院裡的每個人變成朋友關係，大家都會互相關照，特別像是有我想看的電影時，還會讓我在工作中去看，每個人對工作的感受相對簡單，那邊的員工就像是大家庭一樣，我們那小小陰暗的地下樓梯間，成了大夥們喜歡來噓寒問暖的地方，阿姨們就像是每個員工的媽媽，她們把大家當自己的小孩在照顧。

要離開的最後一天，阿姨們流著眼淚，她們告訴我：「不要忘記我們！以後

最簡單的日子反而最困難，
最難過的日子反而很簡單。

要常常來戲院看我們！」我激動的跟她們說：「我會每個月都來看電影，你們才不能忘記我！」這是我人生的第一份工作，沒有人把我當工讀生，即便我只是一個做清潔的，大家看我、待我就像一般人一樣，即便是窩在那陰冷的樓梯間，我的心卻是無比溫暖。

不管你做的事情大或小，它都具有某種意義，不論是對你或對他人，讓這份工作成為你的驕傲，或是溫暖你內心的能量。可能現在看似沒有什麼，或許在幾十年後，這段工作經驗會成為造就你人生的一段寶貴歷程。

紀香語錄：

種什麼因，得什麼果。因果之所以輪迴，關鍵在於同因同果。我們必須從大量的嘗試與錯誤之中，發掘一些與過去不一樣的問題，並且在接下來所做的每個決定，都採取與過去不同的觀點，這樣果才能改變。

02 那段潦倒落魄又無光無色的過往

「你知道這傢伙以前也潦倒落魄過嗎？他那陣子過得很慘！」超過十五年交情的朋友指著我，向我身邊的特助說：「別看他現在意氣風發，妳可能無法想像他曾有很長一段時間過著困頓不堪的日子。他能有今日，想都沒有辦法想像。」朋友說到過往那段時光，情緒有點激動。

我們認識將近十八年，從一九九九年直至現今。他看著我從一個稚嫩未熟的網站設計師，再到失業被周遭朋友唾棄，然後看著我像個小孩，情緒四處向外宣洩，導致身邊朋友一一離開。朋友語重心長的口氣，也勾起我過往那段難受難過的回憶。

那幾年，我時常抱怨外界對我不公、抱怨工作不夠理想、抱怨想法無法被實現、抱怨薪資收入不如預期、抱怨身邊朋友不了解我、抱怨家人對我的關心不夠、抱怨事情永遠做不完。而那一段時間，朋友相繼離我而去，走在路上，總是覺得寂寞難過，也因此負面念頭越積越強，很快感染到周邊朋友和家人身上。

看著身邊朋友創業、開工作室，甚至有些人工作越做越好，薪水越領越多，而我就像是時間暫停一樣，絲毫沒有任何前進。我慌了，既難過又看不起自己。自尊心極高的我，沒想過怎麼改變或提昇自己，反而鑽牛角尖去思考「憑什麼他們過得比我好？」「為什麼他們擁有的比我多？」「難道我不值得更多更好嗎？」各類問題侵蝕著我的心，性格也變得扭曲。好長一段時間，我沉迷在線上遊戲世界裡，忽略身邊的家人與朋友。

為了玩遊戲，我可以玩到每天凌晨三點才睡，早上六點就起床，日復一日，連工作都不想去，請假稀鬆平常。家人對我憤怒、同事對我不解、老闆對我失望，我全把這些拋在一旁，過著自顧自的生活，忽略真正該面對的生活與生命，僅只是用線上遊戲痲醉自己。

後來，線上遊戲世界裡的挫敗，迫使我回歸現實世界之中。這才發現許多朋友早離我而去。他們不僅不理會我，一通電話打過去，很多時候都是簡單幾句被打發掉。至於工作，仗著天賦與能力，雖然可以一如過往將事情輕易完成，可是長期與人疏離的問題，造成與同事之間相處的困難。講話不經腦子、說話沒大沒小、脾氣時好時壞，搞得身邊很多人與我保持相當遠的距離。我不僅沒有檢討自己，反而怪罪他們。

真正擊潰我，令我信心全失的是一次午餐。大夥一起去吃飯，我照常問到：「請問我可以跟著一起去吃嗎？」同事們回我：「我們有約了，不好意思喔。」那次拒絕只是開始，後來有越來越多人刻意忽略我，而我在公司的存在意義也越加薄弱。徹底邊緣化的我，無奈選擇離開公司，以為換個工作就可以重新來過，那些紛紛擾擾順便排開。可是帶著強烈負面思維的我，沒有先擺脫自身重重狀況，反又被麻煩給束縛著。

每天我都在想：「到底是為了什麼，造成大家如此對我？」「我到底做錯什麼要被如此對待？」「難道我就是一個生來厄運連連，得承受所有一切不好的倒楣鬼嗎？」想法越趨強烈，負面能量越是擴大。

日子，不論過得再糟糕都會繼續下去，我就好像被過去夢魘給困在黑暗的角落裡，怎麼樣也掙脫不開。我開始自暴自棄、自我放逐，選擇用逃避的方式麻痺自己，告訴自己是天下人不懂我，天下人負我。極度偏執又扭曲的自尊心變成一頭巨獸咬著我。

某日，前公司主管不知什麼原因，突然約我在西門町的餐廳吃飯。當時，對該主管的印象僅浮現他過去對我多麼嚴苛、好多次於會議中不給我面子、似乎針對我個人有著極度厭惡感。想都沒有想到他竟然會約我吃飯。該次約餐聚，考慮再三後答應出席，才到餐廳，看到那熟悉的笑容，心中又浮出非常不悅的感覺，之前工作的不愉快再次於腦海浮現。我強擠出笑臉看著他，勉為其難的坐下。

吃飯時，他先關心我的近況，而我也客氣跟他寒暄個幾句。在完全來不及反應的狀況下，他突然聊到：「你知道嗎？你以前真是一個非常令人討厭的傢伙。」他這一句，當場讓我尷尬難受到不行。自尊心無比高的我，根本無法接受他這麼說。吞不下那口氣，正想回嗆他時，他又說：「你這傢伙能力就是夠，老天爺又照顧你，天分那麼好，可是怎麼就是不懂得珍惜，浪費掉這些很多人經年累月學習、磨練都不一定有的才賦。」

話題轉到此，我有些納悶，無法理解他言下之意。他無奈又生氣的說：「找你吃飯，是想了解你這呆子開竅了沒，關心一下你的近況。」「你是個有才華、天賦的人，同事們得熬夜加班完成的提案，你總是不用半天就可以做出客戶滿意的作品，你卻表現出一副不在乎工作、不在乎旁人的態度。說著自己想講的話，做著自己想做的事情，不把別人放在眼裡，結果搞得周遭的人對你又愛又恨，如果你可以避免仗著優勢天賦欺壓他人，你在公司裡早就紅了。」

「什麼？我並沒有這樣做！」我驚訝的回。主管他說：「你是不自覺的，你就是一副傲骨、傲慢的態度，你如果是刻意這麼做那就算了，但你就是在無意之中常常傷害到別人，這才令人覺得無奈。」我低著頭沈默不語。「你又極端不負責任，工作明明可以做得更好。我們都知道你還有空間提昇，你卻總是做到自己覺得滿意的程度就交差。即便那樣已經做得比很多人好，可是我們對你的期待不僅如此，問題就在於你永遠都顧著想自己，從沒關心過身邊的團隊。」

「你不知道為什麼同事都不找你吃飯，對吧？」主管帶著有點尷尬的微笑，我搖搖頭示意不知道。「你不在乎別人的感受，有話就說，有任何想法就直接從口中說出來，不論當下是在什麼場合，你從沒想過其他聽眾的感受。你可能沒有印象，有一次你看到同事做出來的作品，你覺得不好，直接就說對方做的不好看、做的很爛，可以怎麼怎麼改，嘴巴不停說著這很簡單、很容易。但你卻忽略每個人所承擔的責任高低不一、程度不同，所能產出的結果也不一樣。」

「我們沒有要求每個人都要到達一百分，而是期望團隊整體成績平均可以到達七十分以上就夠。」「**團隊裡不缺英雄，不是我們不需要英雄，而是我們需要一個互助的團隊。**」我聽他這麼說，心裡難過至極，對我而言，那些指教或批

失敗者、失意者、失落者，
永遠有用不完的理由與藉口。

評同事們的工作，純粹都出自於善意，並沒有主觀惡意。

「後來你的變化越來越大，從同事開始跟你疏離後，你每天工作就是盡速交差，比起過往交差時間變得更短、更快。這點著實令我們所有人驚艷。原來，你的能耐不只這樣，你還可以變得更好、更強。可是，你卻在交件完成之後，只是在線上跟人聊天，並關注你自己在意的事物。」我不發一語，因為主管說的是事實。我當時心想既然都提早做完，接下來就是做自己的事情，這不是理所當然的嗎。再加上同事們也不大理會我的建議或指教，乾脆做自己的事情，也省去干擾任何人的麻煩。顧好自己難道有什麼錯誤嗎？

「我們並不期望你做得更多，但我們卻希望你不僅只是將此看為工作，你應該想想除了你能做好的事情之外，對你而言，還有沒有更有意義的事情能去發揮，甚至可以與公司發展其他的事情。但很可惜，你表現出來就是個徹頭徹尾的自私鬼。」

「業界圈子很小，我從你的前一間公司主管聽到關於你的現況。他是我的朋友，恰巧跟我聊到一些你所做過的事情，所以想了想，覺得有很多事情應該跟你說清楚，不然也許你會永遠活在畫地自限的世界裡，無法理解真正問題在哪。因此藉機約你出來吃飯，順便關心你。至今，對我而言，你依舊是一塊具有潛力的原石，可是卻無法被打磨、琢磨。過去，僅能用著你那偶而散發出來的特色與魅力，從中盡量萃取我們所需要的，除此之外，跟你難有什麼深度的互動。」

聽他這麼說，是有些難受。我從沒刻意想過要令任何人不堪，只是順應自己本意與本能，一點一滴的邁進，未曾打算傷害周遭的人。但可能正是如此，我不考慮別人只顧慮自己，間接造成許多傷害，以致於身旁的同事、朋友，莫名被我影響。也正是如此，問題由我造成，傷害就自然回到我身上。在不自知、不自覺的狀況下，同樣狀況反覆發生，那些負面能量就形成一道循環，在我生活中流動著。

最後，他說：「幾年過後再看你，現在看起來似乎事事不順。可能過去跟你說這些，你完全聽不進去，再加上你有天賦才華，無法體會社會與企業的現實。但要是可以的話，你從現在開始重新去認識這個世界，去理解你與這個真實世界的距離多遠，去發現你到底缺少了什麼，去深究你到底做了什麼、又得到什麼？你如果可以靠著自我摸索、自我認識、自我約束，或許有一天，你的成就會到達未曾想過的境界與高度。」

少花點時間抱怨現況，
多花點時間思考對策。

自我價值的實踐不僅是對自己，對周遭的人也都具有相對價值與意義。該次吃飯後，人生巨大的齒輪又再次轉動，原本停滯的命運也開始流動。

紀香語錄：

工作沒有喜不喜歡的問題，只有要不要。要，就從做中去找出自己存在的價值與具體的定位；不要，即便這工作帶來至高無上的榮耀，也無法多挽留你一秒鐘。

03 我想談的不只是失敗，而是一種人生價值觀

第一次寫案子，被客戶打槍，失敗。第一次作網頁，被主管退件，失敗。第一次拜訪客戶，被罵不專業，失敗。第一次上台簡報，緊張沒說好，失敗。第一次投放廣告，策略沒想好，失敗。第一次當主管，人沒有帶好，失敗。第一次招募，沒辦法打中求職者的心，失敗。

很多時候，伴隨著第一次的經驗，通常是失敗。但，只有第一次才會失敗嗎？

拜訪客戶，談論數十次，溝通過無數場會議，客戶就是不願意買單，也失敗。行銷計畫做了好幾年，每年都想新的方法突破找新梗，但消費者不願意買單，也失敗。公司經營許多年，面對過各種嚴峻挑戰都挨過來，可是卻過不去銀行三點半的難關，又失敗。募資計畫做了很多次，各種面對投資人詢問的演練都做過，但一上場面對投資人時，還是緊張到說不出話來，再度失敗。

失敗無所不在，小到生活中的不如意，大到事業的興衰。

說實話，我人生中，滿是各種不同的失敗，並不是我特別喜愛失敗，而是自

認不夠聰明、不夠有能力、不夠有專業、不夠有智慧。因此，碰上失敗機率比起身邊朋友都要高。過去，將這一切歸咎在「運勢不佳」。可是，真相卻是我忽略自己所造成的各種錯誤，只用自我逃避的思維將失敗歸到運勢上。或許，我運勢沒有想像中差，只是對失敗太過麻痺，導致看不清失敗能帶來什麼學習成長。

俗語說：「失敗為成功之母。」失敗，真的會帶來成功嗎？

每次失敗，總伴隨著各種煎熬與痛楚。像是執行專案時，因為沒做好被客戶退件，甚至半途結案。那個夜晚，除了抱頭痛哭之外，不知道能做什麼。又或者是決定離開三年的創業夥伴，心中的不捨，所有情緒告訴自己徹徹底底失敗，那種由心底湧上來的不甘心、不服輸，比起過去所有累積的痛，都要來得痛徹心扉。甚至是辛辛苦苦製作的設計提案，熬夜三、四天不睡，到客戶那邊只換來一句「重做」，自尊心碎滿地，回到辦公室只想提辭呈，過去累積的驕傲全被踩在腳下，好痛。

失敗讓人疼痛，讓人沮喪，讓人心灰意冷。但，失敗會讓人更堅強嗎？

失敗的當下，會令一個人變得脆弱、無力，害怕面對未來的事物。我知道誰都不願意碰上失敗，很多時候失敗的來臨通常是意外，也因為許多失敗來的太臨時、太突然，所以很多失敗是怎麼發生的，當事人可能毫無頭緒。

失敗，會像是心魔折磨著自己。我常想：「如果預期知道失敗會這樣，那我事先不這麼做，會不會就避開失敗？」失敗雖然不一定能讓人變得堅強，可是卻能選擇將自己的心，鍛鍊得不再因失敗而感到強烈疼痛。

失敗，是一種很不受歡迎卻常發生的事情。

我們無法真正去預測一件事情如何發展，希望能夠降低失敗衝擊，所以會在事前準備很多，將事情做足，目標盡量拉高，拉到自己認為這離失敗已經很遠，有足夠的距離，相對失敗率一定不高。可是，失敗說來就來，一如我們無法預測下一秒會發生什麼。心裡期望值過高，反倒激化失敗所帶來的內心影響。選擇跟失敗相處，變成一種很重要的人生觀。

知道一件事情有百分之七十會失敗，只有百分之三十會成功，那就將心思放在準備面對那即將到來的百分之七十，迎戰那可能失敗帶來的衝擊，重新設定自我標準，將自己看待期望值的標準，放在適合的水平。**等待「可能失敗」的來臨，並以最快速度做好下一步的準備，在失敗之後，立刻往下個可能的機會轉進，直到脫離失敗糾纏，一點一滴收斂，或許，下一次面對的就不再是失敗了。**

做一位「擁有」足夠決斷力的人。

我常跟朋友分享「現在的我，離成功還非常遙遠，或者說根本八字都沒一撇，徹頭徹尾自己依然是個魯蛇，仍舊活在失敗世界裡。」不是我刻意想選擇活在失敗世界之中，而是工作、生活周遭，充滿太多令人容易踩下失敗的變數。例如，一件明明你知道這麼做就是對的，你也做了，但下一秒鐘，這件事情卻突然在別人眼中認定是錯的。其實很多時候，成敗沒有絲毫可參考的依據，失敗就是這麼隨機發生。

越是想要逃離失敗，失敗反而會逼得越緊。

我舉個例子，一個整天活在被嚴厲謾罵世界中的工作者，他成天被老闆用著惡質的言論怒斥，罵到最後，他做的每一件事情，捉襟見肘。因為他害怕犯錯，所以他採取更保守的做法，試圖避免被罵，可是往往卻換來更多謾罵。

失敗，影響最多的是情緒，與其擔心著失敗的來臨，倒不如訓練自己在面對失敗時的情緒，是否能因為一次又一次歷練，變得更加成熟與穩定。每次痛過，告訴自己「痛，不過就是痛」，痛過可以再來一次。真的很痛，那就記起這次的痛，把痛裹起來，用心來包覆、用心來治療，將傷口治癒，鍛鍊自身心力，培養自身毅力，建立面對失敗的認知。

失敗，是一種生活觀，也是一種價值觀，是一種長年累月下來，自己看待自己的一張體檢表。檢視過去每一分每一秒，發生在身上所有的一切，那些不論是有形的獎勵或是無形的責罵，都成了累積與形塑自身的印記，而這些印記通常都是由大量失敗累積而成的。

不要只想著成功，只要想著面對失敗、習慣失敗，然後繼續奮鬥。經驗夠了，機運到了，有一天你應付的將不再是失敗，而是期盼已久的成功，成功也是經常突然就來的。

紀香語錄：

如果你人生有很大的志向、抱負或是夢想，請不要因外界影響而自動縮小格局。積極的去思考怎麼具體實現，而不是想像有多少障礙困難在前方。勿忘初衷，別忘了曾經充滿勇氣的自己。

04

面對挫折、解決挫折、習慣挫折

「老師，你有沒有過什麼時候很挫折？給你很大的打擊？」一位網友傳了這訊息過來。

之前寫過幾篇關於挫折方面的文章，這次換個角度分享我對這件事的看法。對我而言，最令人挫敗的在於，「不論付出多少或是做再多，永遠都不夠。好像沒有停止的一天，怎麼做都無法達到自己或對方的期待」。

職場上，要取得小小的成功、成就，並非易事。舉個例子，當我從企劃轉向行銷跑道時，身處在該環境中，心裡的不安、緊張與壓力一點都不小。每次開會，聽到同事講出許多我根本弄不懂的專業名詞，完全無法融入團隊，直到每晚回到家硬著頭皮死背，日復一日不停背誦，不過也只是勉強跟上談事情的速度。而同事只要一丟出變化球，我立刻又被拋在後面。那種因為無知帶來的惶恐，著實讓我在工作中很難適應，並帶來龐大的挫折感。

過往經歷裡，有種挫折至今依舊讓我找不到出口。身為主管，常常要接受公司要求，依照公司賦予任務完成既定目標。過程中，扮演主管角色，得適度將工作分配給部門裡的相關成員。此時，不論怎麼做，主管這角色就像是夾心餅乾一樣，想要討好哪一方，相對另外一方就是吃虧，順了姑意逆了嫂意，身為主管做任何決定都裡外不是人。尤其，大多數人會先為自己立場而想，違背他的立場，很容易就成為他的敵對方。

分享個實際案例。同事問我：「為什麼有些人可以到中午才上班？」他不知道的是中午上班的那些同事，可能前一天晚上加班到凌晨。只是當我這麼回之後，又會被質問：「公司不是有制度嗎？他們中午進公司，那為何其他人不可以？」照理來講，這問題應該一視同仁，但事實上工作性質不同的狀況下，很難相提並論。因為，加班熬夜的同事往往是創意工作、設計工作、研發工作、技術工作等，他們的績效看的是「結果」而非「時數」。這麼回答，其他同事想必還是不滿意。

又有人會問：「為何不要求大家都同一個時段進公司？這樣，要開會、約客戶，才不會因為某些人白天碰不到，而得配合他的時間，導致彼此工作時間互相牽制。」通常會問這問題的人，不是人資、行政就是財務。他們的工作比較容易被數字量化，被制度給規範，而創造力相關的工作者，比較難被具體限制、框住在某個範圍裡。工作性質有根本上的不同，身為主管不大容易用一套完全對等的制度去要求每個人，可是也因為如此，偶而會造成他人錯誤的解讀。

做主管當夾心餅乾這檔事，久了倒也習以為常，雖然常會遇到挫折，找不到最佳解決方法，可是尋求平衡的適當對策也不是沒有。因為，我們多數時候處理時的關鍵在於「情緒」，而非純粹單一的「事件」。真正會帶來挫折的永遠都是自己，多數時候是因為跟自己過不去。

我承認，十多年職場經歷中，曾有段時間怨嘆「為什麼已經付出如此多，卻永遠像是在原地滯留般沒有任何前進。為什麼對方看似沒做什麼，但工作不斷有所斬獲，職務一階又一階快速往上升。反觀我就像時間暫停被凍結一樣。」跟別人比，往往都是痛苦的來源，只會帶來挫折感與不平衡的情緒折磨。

人們容易忽略自己的價值與意義，慣於拿所有的不好來包覆自己，藉以期望換得外界的關愛，療癒殘缺枯乏的心靈。如果只是這樣，外界所有的美好、理想的一切，都會成為無法取得的痛。

過去工作中，曾有一位行銷主管，她是我的頂頭上司，那陣子我看她始終不對盤。唯一理由就是我「自視甚高」。我對待她，純粹覺得她不如我。因此，我耗費很多心思去學習，吸收各種專業知識，試圖想要在專業知識上凌駕她，並獲得老闆的賞識，讓我取代掉她。可是，不論我怎麼學習，做多少事情，都無法贏得老闆的認同。會議上，專業知識很明顯她不如我，可是她卻穩坐行銷主管的位置，那時，我心裡的挫折與難過，慢慢變成一種扭曲、病態的心理。

眼睛僅望著別人的好，嫉妒別人所有，忘卻自己已富有，則挫折伴隨而來。每天到公司，看著她的眼神就是帶著偏見。工作上，我不大願意信服她，只要她交代的工作，我都會做得比她期望、期待要多，不論怎麼樣，我都想要搶過她在公司的鋒頭。如此做下來，我引起所有人的注意力，老闆也看到，可是我做再多，卻也換不到任何一點老闆的接納與認同。我曾直接挑明跟老闆問理由，他回我：「不論怎麼樣，她都是你的主管，身為部屬，你唯一該做的是依照她分配的工作做好，其他的事情你不該去煩心、操心。」聽到老闆這麼說，心中滿是無奈、無力，以及對工作的無心。

幾年過後，再回顧這一切，逐漸理解為什麼當初我的表現無法被老闆青睞。

職場上，每個人被賦予任務跟功能均不同，不一定在某個位置就需要「完備」所

有職務的功能。關鍵在於一個對的人在對的位置上，能否發揮出最大的綜效。而她，帶領整個團隊是有一套本事，即便我在她手下做事，依舊認真投入並自我學習跟成長。我忽略該主管最大的本事就是「顧好每一個人」，她令每個人都得以認真投入到工作中，依循公司要求完成的任務，包含我在內。

每個人在工作中理當會碰到各種挫折。有時是落入責任陷阱、有時則是專業不足、有時是無法集中聚焦，每種不同的挫折所帶來的影響大多相似，要不是情緒、要不是行為，要不就是反應變差、變怪。

人生，難有所謂平穩、順暢。無論生活或工作，我們都會遇到各式各樣的困難與挑戰，挫折與打擊如影隨形。正是如此，習慣與之為伍，將之看為必經之路，那再多的困惑跟困擾，都有可能變成砥礪、惕礪自己繼續前進的動力。

紀香語錄：

事情，不要永遠都挑簡單的來做，安逸舒適久了，人也會變得軟弱無力。偶而挑戰自己，看看底限到哪裡，這才能摸索出自己還有多少能耐與水準可以提升。

05 辭職離開，能夠解決問題嗎？

工作上遇到挫折，落入責任陷阱後，發現自己似乎無法適任，選擇離開是唯一的方法嗎？我也度過好長一段時間的低潮，對我而言，工作沒做好，然後搞得自己裡外不是人，最好的做法似乎就是選擇離開那份工作。只不過，這麼做，能解決原本遭遇的亂流嗎？又或者離職真的是當下該做出的選擇？看別人不容易，看自己也許稍稍能看出些端倪。

我曾在工作上抱怨自己得到的機會不夠，還沒有被主管重重賞識。因此，常在職場上會偶而透露出有志難伸的聲音。隨著發聲的次數越多，身旁的主管、老闆相對被影響的狀況也就越明顯。這對我帶來什麼麻煩？「他們注意到了。」他們不是聾子，更不是裝做不聞不問，每個聲音都聽到了，只不過沒有因此採取動作罷了。

而我一個天真又自以為是的傢伙，以為靠著這樣吆喝，可以贏得「該有的關注與重視」。事實上，我還真贏得了他們的注意，為自己取得許多「根本不屬於自己該有的機會」。為自己發聲不一定不好，可是當自己做出了超乎自身能力可以承擔的責任後，一切事情的後果，再苦再痛也只能自個兒扛。我硬吞下了主管委以重任後的第一個苦果。

那時候，情緒走不出來。常言道「**處理事情之前，先把情緒處理好。**」我落入情緒的無限負向循環中，因為爭取到好不容易的機會，可是卻活生生的把事情給搞砸。我怪罪自己，每天沉浸在指責自己不懂得珍惜、不知道謹慎的世界裡。最後，被自己的情緒壓垮，以為自己扛下責任的最好方法是離職，於是選擇用離職劃下句點。

問題有因此而改善嗎？前公司的問題始終存在，不論我過去曾做過什麼，那個苦果就是由公司尚存的人共同承擔，可是我卻像是如釋重擔般的輕盈飛去，好似問題沒有纏上過我。沒有意會到自己做了什麼，以及不該做什麼，同樣的狀況帶到另外一間公司去。我不願被虧待，一心只想做點大事，擺明就是別人口中眼高手低的樣子，這樣鬧一鬧，事情真來了。說是同樣的問題再發生，倒不如說是因為這該死的個性沒有體悟，所以碰到類似的事情，總是用同樣的邏輯跟脈絡處理著，導致一模一樣的處理方式跟對策又會重新浮上檯面。某次，是個事業發展的機會，老闆聽了我幾次想法，感覺好像靠得住，於是將事情交付過來要我負責。可是我沒意會到扛個事業要負擔的責任不比山低。

再次碰到瓶頸、再次撞上障礙，我又猶豫了。自以為對不起那些重視我的人、自以為辜負那些賞識我的人、自以為虧待那些相信我的人，所以，我又落入負面情緒的循環裡。

「活脫脫好好的一個人，正常沒事情的人，卻因為被負面情緒控制著，轉眼間變成一個什麼都做不來的廢人。」我，沒意會到這種問題跟著我。

後來，類似的狀況接連發生，我又用類似的方式應對，做不好或沒做好，性子一來問題沒搞定，就直接換工作，反覆幾輪下來，工作也累積不出什麼像樣的成果。直到有一天，年紀漸長，身為主管的身分，看著一批又一批投入職場的年輕人，與他們朝夕相處，漸漸從他們身上看到自己過去的影子。「草莓族」是我們或上個世代給這群年輕人的標籤。

我才發現，原來一路過來，我們都為同道中人。遇到問題時，不分年紀，在現在這找工作就好似大賣場挑商品的年代，稍有不如意或落入情緒的負面迴圈時，不思索解決對策，而是選擇逃避、換個工作反而比較快。我常聽到「這工作

工作，是盡力去爭取，而不是別人施予。

跟我想的不一樣、這不是我要的工作」，從那些稚嫩臉龐中所說出的每句話，都好像看到當年自己的影子。

每位同仁就像是我自己的一面鏡子，從他們身上看到我自己不好的，也從我身上看到他們欠缺的。兩向之間，逐漸看出自己的樣子。**以前，我不懂為什麼工作運不好，我找不到答案。現在，我了解為什麼工作運會差，因為我總是用同樣的模式看待工作，沒有思索好好的將一份工作做好、做足、做出成績有多重要。**僅只是把工作當工作看的後果，就是「永遠都活在挑選人力銀行賣場裡的商品，再怎麼挑還不過就是那個樣子，因為挑貨人從沒更動過挑貨的條件。」

控制我的不是工作，搞壞我的也不是主管交辦的任務，影響我的更不是公司的經營決策，所有的麻煩事會找上來，那是因為自己習慣變成麻煩製造機。這倒不是說一個人刻意去製造麻煩，而是做事的方法會帶來麻煩、處世的方式會帶來麻煩、利己的方式會帶來麻煩，麻煩不會主動迎上門來，可是自己稍有不慎，就會用找麻煩的方式填補破碎的心靈，變成侵蝕自己情緒的心魔。

不想落入責任陷阱，或是不想活在被情緒控制的世界中，最好的方法，就是改善自己做事處世的原則與方法。不要總是用同一套邏輯思維處理事情，也永遠不要只有一套方法去看待所有的事物。

因為工作挫折就自以為不適任，而想換工作嗎？不如先聽聽自己身邊人的聲音，再看看左右同事的狀況，找尋能否從他們身上看到些自己的影子，再從他們身上的自己，解讀反映出什麼樣的現實。如果，以為選擇離職就可輕易卸下肩上的重任，那「任重道遠」真的離你太遠。即使如此，**管理好自己的情緒，不要被情緒給奴役，也是所有職場工作者共同的習題，該解、該過的還是得自己去突破。**

紀香語錄：

障礙，就跨過；困難，就突破；阻擋，就撞過。只有懂得在困境之中生存，並且越過挑戰的人，才能比其他人看到更寬廣的視野，體會不一樣的格局。

06 抱怨不會改變現況，真正能改變的是你的「改變」

一大早跟朋友約開會，因為提早三十分鐘到，於是在一樓的咖啡廳吃早餐，順便看一看雜誌跟報紙。恰巧，旁邊上班族閒聊，談到關於公司的好與不好。聽他們評論著公司，心中感觸良多。

「幹嘛要委屈我自己做這些事情！」「憑什麼讓我做這些微不足道的小事！」「你要能做的比我好，你來做就好，何必對我比手畫腳！」「這工作爛透了，老闆一點 Sense 都沒有，工作沒有未來！」「我值得到更好的地方，不怕沒有人要我，何苦在這為難我自己！」「我自己出去一個人賺，還比領這份薪水賺得還多。」想想，這些話好像也常掛在我的嘴邊，似乎人生有一大半的時間，總是抱著懷才不遇，千里馬碰不到伯樂的悲慘心情。

某天，執行長請我到辦公室去：「你知道嗎？身為一位專業經理人，你的角色不論好壞，唯一的存在意義，就是依照公司目標完成各項任務，而非耗費時間跟你的同事、朋友們談論著公司有多差、多爛。如果，你光是用講的公司就會變得更好，我們必定歡迎你大量的談論公司。」執行長一席話，點出我的個人毛病，著實讓我在其他主管面前難堪。

「如果，你找得到更好的工作，公司必定歡迎你去應徵，我們不會留著任何有前途、有發展、有計劃的人。祝福你，在你期望的那個世界之中，一定有更值得你的好環境或是公司。」我還記得被總經理請出公司時，他淡淡的對我這麼說。在那之前，圍繞著我的不外乎：「這公司只會要員工加班，要不是現在一堆事情由我負責，不然早就換到更好的公司去了。」看來，我也是個愛動嘴，成天無意識向外界展現無能那面的傻呆工作者。

身邊總偶爾會有人這樣對你說：「嘿！你能力那麼好，肯定不怕找不到工作，擔心什麼，想要到處去闖，你絕對有實力，幹嘛受限在這！」好像，這種話聽多了，當事者稍有迷糊就容易當真。我就是那個曾信以為真的傻瓜。這輩子從沒擔心過工作不好找，身旁更是有無數的人會用許許多多你不一定能當真的語言來褒揚你。最可怕的不是你不信，而是你信以為真。

曾有一位執行長，苦口婆心在這件事情上念了我很久：「**要是你可以少花點時間抱怨現況，而是多花點時間去思考怎麼解決與改善現況，你成長的格局與你**

做你自己，毋須任何虧欠。

看到的視野，絕對會比現在高很多。但說歸說，你深陷其中，又怎麼看得出其中的差別呢？」他說的沒錯，當時完全沒能意會他講的話，幾年後再看，才慢慢感受到那些話中的意涵。

不知到何時，有天，我不再對外界談論公司的事情。或許是多年來的影響，也許是工作上的體悟，我發現向外談論再多公司的好與不好，似乎都無法改變我所處的現況，更不可能讓我從原本的泥沼中脫離。因為，我已經在裡面掙扎著，別說想要去更高、更遠的地方，眼前全都是會把自己掩蓋、淹沒的泥巴，稍有不慎可能就沒氣、送命，如果此時，我還不專注的聚焦在解決眼前問題上，而是把精力放在其他無關緊要的事上，那最後搞死、搞慘自己的人不會是別人，單純就是自己害死自己。

有段時間，我不懂為什麼在公司裡會如此的不受歡迎。我以為靠著批評公司、評論主管，能夠換得同事們的認同，事實上，這還真會換來一些些自我感覺良好的人的回應。不過，談論同樣的事情久了，周遭的人會麻痺、會無視，不論他們是不是在你身邊，你會有種很強烈的感覺，也就是「唱著獨角戲的你，以為台下滿是觀眾，卻沒發現裸身上台的你，台下連個想要笑你的觀眾都沒有。」這可真夠尷尬。

一位執行長半開玩笑跟我說：「**當主管的，唯一也是必然的功能，就是成為被部屬們謾罵的標的。因為，你被當做標的，同仁們才能團結一心砲口向你，然後，一層又一層的被砲，最後當然就是我這做老闆的當大砲灰。因此，只要你能承受夠多的砲轟，我們會變得更堅強、茁壯，面對難關時，你的存在或犧牲都會有意義。**」從他臉上的表情，不難發現其話語中的無奈。

一次，我跟幾個創業、開公司的朋友們吃飯閒聊，這才體悟到做老闆的心中有多苦，外界難以想像。大家聚在一起，你一言我一語，說著某人搞出什麼花樣、講著誰在背後搞利益團體、聊著某個傢伙玩起辦公室政治。原來，大事小事他們都看在眼中，不論採取什麼對策，依舊得面對每天公司開張得付出的龐大成本或管銷費用。於是，他們安靜應對每一天，忍下所有心中不甘與苦悶，硬著頭皮走下去，只因他們相信「我們做得到」。

或許，當我們省下及褪去說那些話語時，才能領悟什麼是成長。自從那天我不再多談公司的事情之後，世界開始有點不一樣，跟你講話的人，面貌不同、職稱不同、位階不同，談話的內容也都變得很不一樣。

觀念不對、態度有誤，
錯解了一件事之後，那後面的結果也會跟著變調。

看來，**真正改變一件事情的真義，不在於形式上的變化，而是透過具體行為上的改變，一點一滴回頭影響原來熟悉的世界，進而當自己發現自己改變時，其實世界也已經徹底因你而變。**

紀香語錄：

請用力、用心的完成，猶豫不會變為成長的糧食，只有堅毅的決心、堅定的志向、堅韌的意志，把那些自身期望被交付的事情做好，不論小或大，簡單的事情一樣可以變得很不簡單。

07 失業感覺糟透了？都是自找的！

「這工作跟我想的不一樣，我不想做了。」
「我想做的不是這件事情，我不想做了。」
「這跟我人生規劃的不同，我不想做了。」
「我覺得沒辦法幫上公司，我不想做了。」
「公司的方向跟我不一樣，我不想做了。」
「這跟我原先的期望不同，我不想做了。」
「在這公司我學不到東西，我不想做了。」

工作多年來，不論是從我口中說出或聽同事講，各式各樣離職理由，不外乎都是以個人生涯規劃與公司路線不同，再不然就是公司發展受限，無法習得新的技能或知識，於是心灰意冷之下離職。只不過，去職之後的人生，會更好嗎？下一份等待的工作會比原先還要好嗎？沒有人知道答案，但很多人卻是想離開公司時，一秒鐘都不願意多待。

曾經幾度失業。在三十歲以前失業，不論是什麼理由，找工作相對容易、輕鬆。因為我還年輕，還有很多談判的籌碼。只要我願意低頭，將薪資放低一點，要被錄取的機率幾乎接近百分之百。年過三十之後，不論是對自己的堅持，或滿足家人的期望，薪資不像過去那樣隨人說好就好。結果要上不上要下不下，別人在無法衡量我的能力之前，薪資也不願意輕易鬆動，於是我莫名進入了一段為期不短的失業期。

我還記得，那一年，履歷一個月寄幾百封，有回應的五根手指頭數得出來。找工作突然變成夢魘，難以想像以前找工作從未遇過障礙的我，竟然連續兩個月沒有工作，兩個月裡滿是煎熬，各種負面思考充斥著所有思緒。我不停思索著，到底是我的專業能力不足，還是薪水開得太高，又或者是年紀稍長，就整體求職表現來說不如其他年輕人？各式各樣的問號，沒有答案，我只是漫無目的不停修改履歷表，不斷因應各種企業的需求，優化改善寄出履歷表的內容。但，依舊沒有任何一封面試通信知。

在那之前，我總是氣焰高漲，以為自己是當紅炸子雞，常常跟主管說：「你要有辦法去找更厲害的人來代替我啊？不然我換個地方去絕對比這更好！」又或者是嗆說：「你以為公司多好？我願意留著就很偷笑了，還挑三揀四，有辦法的話你來做啊，不然開除我也可以，反正我也不希罕這份工作。」然後，我會充滿著各種抱怨公司、主管、同事的情緒。最後，不論我怎麼硬撐，該工作也做不久，接著下場就是重新打開履歷表，開始求職。

我從未想過自己跟公司的關係，也未曾了解公司帶給我的意義。

我還記得，那次離職後，信心滿滿地打開履歷表，跟太太說：「別怕啦，最慢兩週後就有工作，而且只會更好不會更壞，不用太擔心。」說完，等了一週、等了兩週、等了三週，沒有任何面試邀約的機會，我開始有點擔心。上網重新修改履歷表，試圖想逆轉局面，心裡盤算著可能是履歷寫得不好，改一改，將文字內容寫得聳動一點，工作肯定俯拾皆是。又是一週、兩週過去，好不容易來了一則面試通知，是某銀行的保險業務。

慌了，真的慌了。離開公司至今一個半月過去，工作依舊沒有著落。我的焦慮，滿是寫在臉上。我開始懊惱，不懂得為什麼要如此衝動，不了解在還沒有找到工作的狀況下，急著離開公司能幹嘛。我完全無法理解自己現在面對的各種問題還有麻煩，全都是自找的，卻沒有任何一個人可以抱怨，唯一能抱怨的只有自

壓力迫使人成長。

己。心裡想著：

「當初不要那麼衝動離開，就沒有今天的麻煩。」

「其實公司也沒有那麼糟糕，我脾氣收一點就可以了。」

「是我那時想太多，換個念頭現在也不用為找工作煩惱。」

「同事們看起來過得還是很好，我到底在做什麼。」

各種念頭，衝擊著、侵蝕著我。**我不懂為什麼提離職時能夠如此瀟灑，但找工作卻這般懦弱無能**。那時候最常想的是：「可以的話，好想收回以前說過的話，我不願意為了短暫的情緒宣洩而付出代價，更不希望因此浪費整整多年在該工作裡的累積。」心裡想是這樣想，現實卻是我窩在家裡，徹底變成一個失敗者，一個只會放大話，卻做不了什麼事的失敗者。縱使有多年工作經驗，卻沒有辦法幫自己找到一份工作，所有的經驗與能力，全都浪費在家裡。

兩個月過去，工作沒有，收入也沒有，生活開銷全靠家裡的太太一個人苦撐。她表面上沒有怨言，只是每天叮嚀著我趕快找工作。我點點頭，什麼話也說不出來。心裡有無限個抱歉與對不起。我漸漸對找工作一事喪失信心，每天打開電腦，看看有什麼新工作，能投履歷的就投，甚至在薪資上面直接打上「依公司最低標準即可」。

腰，彎得夠低了，但找工作還是沒有起色。

我心情非常低落，打開電腦，用通訊軟體向以前一位主管請教，希望可以聽聽看他的意見。我們約在內湖的一間咖啡廳，看他滿臉自信走進來，我開口說：「看起來你變得好有自信！公司現在不錯吧！」他面帶笑容地說：「是啊！公司終於上軌道，很多事情逐漸變得越來越順，公司也從二十人變成六十多人了！很多年輕人加入我們，公司很有活力。」我聽他這麼一說，尷尬看著他。因為，他曾經是我的直屬主管，我們在工作中有許多衝突，我常常在會議中嗆他、罵他、酸他，我看不起他這種能力比我還差的人做主管。

「你呢？你現在好嗎？意外收到你的訊息，說要邀請我吃飯，很意外。」主管納悶地問著。我說：「其實現在已經失業兩個多月，想找你聊聊，聽聽看你的意見，不知道這麼做會不會太過唐突。」他訝異看著我，他說：「你怎麼會失業？你能力這麼好，當初離開不就是因為有更好的工作等你嗎？你看起來就像是很多工作在等著的人啊，為什麼會找不到工作？是不是太挑工作了？」我說：「沒有，工作找得很不順利，所有能投履歷的我都嘗試，可是連個面試都沒有。」

處理事情前，先把情緒處理好。

我說完，以前這位主管苦笑看著我，他似乎有什麼話想說。「想聽聽你的建議，跟你聊一聊，或許從你的角度能發現盲點，是我自己看不到的地方。」我這麼說完，他還問我：「這樣真的好嗎？以前說你都會吵架，被你回嗆。」「沒關係，我真的想聽看看。」他苦著一張臉為難的回我：「你太自以為是，你就是太聰明，太自恃其傲。總覺得公司欠你、老闆欠你、主管欠你、同事欠你，每個人都欠你，每個人在你眼中都一文不值，只有你做的最有價值。」我低著頭不發一語。

「你常說公司這樣做不好、這樣做不對，但你卻從不說該怎麼做才對！你有沒有想過，你可以替公司帶來什麼？又或者是如果你認為公司現在方向不對、不好，那往哪裡去才好？理由是什麼？你又能怎麼證明？你知道該採取什麼做法嗎？你開會都是話最多的那個，但提出來解決方案卻是最少的那個。我們知道很多事情非常難做，也清楚事情推動上不如預期的順利，可是之所以公司要請那麼多人，就是希望大家可以一起把問題解決改善，並往對的路去走。你不是，你只有批評、指責，鮮少自己跳出來願意扛起責任、解決困境。」

我聽了後，面對著主管苦苦的笑。因為他點出一直以來我知道，但我卻沒有認真思考與面對的課題。也就是遇到問題時，我總喜歡挑三揀四，把責任一股腦地往外丟，卻從不去思考該怎麼解決問題，也從未想過我批評過後，能給予什麼有建設性的方案。只有把自己的情緒向外四射，激情之後，卻沒有帶來有建設性的方案與做法，即使有好頭腦、好反應，依然無法展現自己在工作中的重要性，當然也就難以樹立在同事眼中的價值。直到我自己受不了，才一股腦的將情緒往離職去放，以為這麼做會更好。

情緒有了出口，但事情的配套方案也得要有出口，這才得以平衡。聽完主管的看法，我開始有些頭緒。之後投遞履歷時，不再隨性亂投，而是針對有興趣以及有目的的企業去投。同時，履歷表不再只是單純一張A4紙，轉而將該職務的一些期望與計畫，寫在提案簡報裡，試圖讓人資單位收到我的履歷表同時，立刻看到我對該職務的想法，還有對於該職務未來發展的計畫，甚至是針對該公司已經在做的事情，依照我所看到的現況跟問題，給予一些改善方案跟執行建議。做法改變，面試機會陸續增加，後來終於順利取得工作。

失業很苦，但造成失業的問題通常是自己，苦當然就得自己硬吞。**與其花許多時間怪罪公司，甚至指責公司的不是，倒不如看看自己還能為公司做什麼，令**

企業裡不缺個人英雄，
需要的是一個懂得互助的團隊。

自己可以在看到的問題之中，創造機會帶出更多的突破可能，賦予自身在公司之中相對重要的使命與意義。這才有辦法持續在別人眼中與心中，證明自我於團體之中所該擁有的價值，工作才會變得對自己也對他人產生正面的影響力。

失業要面對最大的挑戰與敵人正是自己，是自己種的因，結的果。

紀香語錄：

有時候，不是因為怕做不好而感到壓力大，而是因為知道自己可以做得更好、更精采、更卓越，不甘於現況，為此感到「不想不完美」的壓力。

08 換個磁極不再相斥——從個別主觀進入團隊合作

「為什麼又要我做企劃案？我來這邊不是寫企劃的！按照我的資歷，應該要在這公司做更有意義的事情吧？」我憤恨不滿的跟主管抱怨。我不懂為何企劃案總會輪到我寫，沒理由用我多年的資歷與經驗，耗在辦公桌上發想製作企劃案吧！尤其這個企劃工作不外乎在整理相關部門的想法，彙整過後再重新組織歸納，將原先抽象沒有聚焦的各種想法，收斂到特定主題、主軸上，給大家一個討論的方向，令不同的部門之間能有書面的討論依據。

主管面有難色回我：「你也知道……公司裡沒有幾個人會寫企劃案，大家平常也都有很多事情要忙，你會寫，當然就你來寫，不然交給別人寫，沒寫好又耽誤大家時間，你也會被影響，這得不償失對大家都沒好處。」我依然憤恨不平的說：「那是這公司的人能力要提升，不能因為我可用就只用我吧！我還有更多重要的事情能做，不是成天在這邊幫各單位畫表格、寫企劃！這根本就是浪費了我的才能！」我氣到滿臉通紅，在主管辦公室裡大聲咆哮，這種尷尬的現況，主管承受好一陣子，可是卻遲遲未改。

看自己不容易看透，看別人或許相對能夠看清自己的問題。

曾有一位同事，她畢業三年，做過行銷、做過企劃、做過業務，短短三年換了四份工作，在她應徵時，我問她：「妳三年內換了四份工作，而行業別少說換了三種，有特別的原因嗎？」她回我：「工作學不到東西，主管不夠積極，在公司感覺不到未來，受不了那種呆板又像公務人員的文化。」我有點驚訝她如此坦白回答，我又問：「妳從這四間公司，獲得最多的是什麼？」她直接回我：「人不要佔著茅坑不拉屎，該積極做事就做到底，哪有那麼多理由推託，我想要做事，不是被搞事。」

我決定給自己一個機會，試著跟比我還要有主見的人一起工作。

她工作的前三個月，表現相當優秀，很多事情主動、積極，一如她所描述。她熱衷處理每一件事情，所有工作到她手上，都可順利完成。但大概到第五個月左右，開始出現一些狀況。有一天，她特別找我談：「我覺得這份工作不像是我要的，工作太多太雜，學不到東西。」她有點不滿的講，彷彿我再聽下去，應該會聽到她要離職的請求，我不解的問她：「具體來講，妳想學什麼？妳覺得做什麼才有收穫？我跟妳討論看看工作怎麼調整。」她委屈的回答我：「每天做雜事哪有時間想，我怎麼知道在這邊還能做什麼，一下做那個一下做這個，工作雜亂，搞得我也不清楚每天來公司的目的是什麼。」

「這禮拜我讓妳決定自己要做什麼，以及不做什麼，好嗎？」

她似乎認同我的做法，於是點頭答應了我。隔天一早才一腳踏進公司，她立刻找我進會議室，她問：「工作由我決定嗎？但方向呢？我要朝哪邊去做？」我問她：「妳想往哪個方向走？從妳的觀察，公司現在用得上什麼？」她想了想，帶些猶豫的回我：「走行銷好了，或是公關也可以，這我以前做過，我來做看看。」我答應她，沒多過問，只有一個要求：「好，請妳一週內將本月概要工作計畫提供讓我參考看看，至少讓我清楚知道妳接下來打算做些什麼，好嗎？然後妳現在手頭上的事，交給另外一個人吧，由他去負責。」她點頭示意好。

一週過去，我沒看到計畫。兩週過去，還是沒有看到計畫。我好奇問她：「當初說好要提的工作計畫呢？」她相當不滿的回：「還在想啦！這公司能做的事情那麼多，我又怎麼知道從何下手，而且行銷本來就不是我負責的，我又從何得知該不該做？」我有點無奈回她：「那妳第一週就該提出來吧？」她又更憤怒

如果相信自己能做好，那就不要再懷疑。

的回：「第一週才剛開始，能提什麼問題？想都還想不出來，我又該怎麼跟你講？才給人一週的時間，是能提什麼工作計畫？」我有點不高興的告訴她：「不懂，妳可以問；不會，妳可以說；不做，妳可以講，但什麼都沒有，妳不覺得不該嗎！」她敷衍了事般的回：「好啦、好啦，會再給你。」

從那天之後，她做事明顯變得消極，常成為部門裡的負面指標。很多事情到她手上就沒有下文，而我要的工作計畫依然沒有看到。直到有一天，她在會議上被另一位同事詢問工作進度，她脾氣整個上來，大聲咆哮的說：「你們只會想來要東西！有沒有想過別人做這些要時間？考慮一下別人的心情好嗎？」同事被她激到也跟著冒火，正想要回嗆時，我擋住雙方，我說：「妳是做了，然後還沒有做完嗎？」她沒有回答。我換問另外一位同事：「你請她做這件事情時，有跟她討論過要完成的時間跟內容嗎？」同事點點頭回答有。

我留下她，兩人在會議室裡，我問她：「怎麼了？妳還好嗎？」她近乎崩潰的跟我說：「我根本不知道自己該做什麼，更不清楚自己這樣做下去會怎麼樣，我不甘心一直都是做這些事情，好像這份工作不是我要的，而且同事們之間的相處都讓人特別難過，我知道我值得更好，應該要做更有意義的事情！」我還是很平靜的問她：「那我請妳決定做什麼事情，妳有做嗎？」她哭著說：「沒有。」我又問：「為何沒做呢？」她很坦白的回答我：「我不知道該怎麼做……。」

「我也跟妳一樣，曾經因為寫企劃案一事，跟主管吵過架，我認為自己能力不止如此，應該可以做更有意義與價值的事情，而非成為部門與部門之間的文書作業人員。」我帶點尷尬的微笑，跟她說到那段過往。她問我後來怎麼了，我說：「當年脾氣很差，但大家都得忍受我，因為知道企劃案我寫得比較好，可是隨著時間拉長，企劃案因我暴怒不停的反應則寫的越來越少，同事相對越來越疏離我。最後，主管把我叫去辦公室。」「主管跟你說了什麼？」女同事好奇問我，我回她：「主管說我現在幾乎沒有工作，企劃案也不用寫，公司也找不到理由再雇用我，那天成了我最後一天上班的日子。」

同事順著說：「是公司不會用人！」我苦笑回她：「或許吧，但我有更多不同的體會。」**工作，不是自己想做什麼就做什麼，而是公司希望你做什麼，你才有機會去做。**我的體悟是工作並不存在兩全其美這種事，像是別人看上我最有價值的事情，我卻不放在心上，只是眼巴巴望著我根本拿不到的機會，然後像砲火四射般的傷害周遭的同事。如果有一件事情你很擅長，但你不想做，沒有人可以

> **不論你做的事情大或小，它都具有某種意義，**
> **不論對你或對他人。**

強迫你，但既然你要領那份薪水，公司也期望你能做這件事情，那就是你做這份工作的價值所在，即使你不一定認同。

「那你不就變成奴才！只是應付公司！沒有自己的想法啊！」同事說。

「奴才、蠢材、人材，都是個人主觀認定的。」我嘆口氣說。主管在我離開公司前，最後向我提到：「你可以選擇不要這份工作，你有權利不做公司要你做的事情，當然公司也有權利不發薪水不雇用你。你要明白一個道理，公司並不負責你未來的人生，你對自己的期待是你家的事情，公司沒有責任或義務幫你實現那些可能，是你自己把很多想像附掛在公司上，但公司並不需要為你鋪路。反倒是你的貢獻是否能替公司帶來成長，讓公司發展到更好的成就上。你只考慮自己，成天抱怨也不會替自己增加收入，還不如將這些力氣，用在你覺得有意義的事情上，或許有天收入還會增加。」

當時聽完主管一席話，回家後悔不已。因為我並不討厭公司，也不討厭那份工作，完全沒想要離職的念頭。我只是討厭自己沒辦法成為一位更有用的人，而這些全出自於我過度與莫名的期盼，只是一味給自己畫下框框，限制自己卻忽略現實在哪，直到完全迷失自我，眼高手低沒搞清楚哪些該做、哪些不該做，這所有一切要付出的代價，就是失去一份我還算喜歡的工作。我再也無法換回同事、主管、老闆的信任，只留下人們對我的不滿。那天之後，我慢慢理解，**很多事情做就是了，不論自己喜歡或不喜歡，在某個時間點出現要我做的某些事情，肯定對未來的我具有某些意義。**即使不知道意義何在，也得靠自己去探索挖掘。

你不是不行，只是現在還輪不到你表現，時機到了，自然就會讓你證明你行。

紀香語錄：

事情不要計較大小、高低，願意做、能夠做，都要試著去做，只要做了，所有的不可能都將會變得可能。格局，不是用眼睛看，而是身體力行的體現。

part 3

邁向目標，能妥協

突破不是用說的，要行動

01 當找來的員工都可以替換，真正要換掉的是你

一位同事問我：「紀香，你覺得經營公司或創業最困難的事情是什麼？是找資金？還是想出一個了不起的商業點子？或是用超越別人許多的技術？甚至是超強無法比擬的執行力？擁有豐富雄厚的商業資源？你覺得可能是什麼？」

我苦苦的笑著看他，回他說：「**團隊建立**、**團隊維持**、**團隊成長**、**團隊信任與團隊默契**。」同事聽我這麼一說，反而好奇的問了我：「團隊？不就公司同事嗎？為什麼會是最困難的事情？」

經營公司要上軌道，看的是人，看的是這群人可以做出什麼成績，以及他們做出來的成績能替公司帶來什麼效益，而他們又願意為了什麼目標，與公司持續共進退到何時。這一切，全看公司裡的每一位員工。過去，我常聽到有人說：「職場上沒有人不可以被替換，誰都可以被替換。」或許，以前聽到這樣的說法，我會多少帶點認同，但現在，我必須說：「當你找進來的員工都可以被替換的時候，那真正應該要換掉的是你這位經營者。」

經營公司最困難的地方，不是叫員工做出該有的成績，而是招募到一群能為了相似目標共同努力打拚的夥伴。說起來有點矯情，但事實卻如此。公司草創初期，沒好福利、沒好環境、沒好待遇、沒好制度、沒好收入，在許多條件都還不齊備的狀態下，能找到願意為了「共同目標」加入公司的人，比例真的不高。很多人出來找工作，純粹就是要一份工作，可不代表他認同你的目標。換個角度來講，找工作的人不需要認同你的目標，但要是你的目標他不認同，許多事情對他而言，也許純粹就是「要做」與「不做」之間的差異。

但公司初期，真正需要的是「想要做好」以及「不斷追求怎麼做會更好」的夥伴。

一路以來，過程中最辛苦的是因為公司太小、產品沒名、福利不佳、待遇偏低等問題，造成招募員工上處處碰到障礙，特別是公司要設立在一些老舊公寓大樓裡，很多求職者可能光面試走到大樓門口，下一秒鐘就拿起電話來說：「對不起，我找到工作了。」這類場景，幾乎天天發生在資源貧瘠的公司裡。因此，要能夠在狀況不是太理想的情況下，還能找到願意為「共同目標」而來的夥伴，非常難得。

只不過，招募人才是一回事，怎麼把人才留下來，又是另外一個大難題。

通常問題會發生在人員剛進入公司的兩個月後。第一個月，蜜月期，大家彼此互看算順眼，即使知道公司狀況不好，還會想些理由來合理化自己觀察到的現象。經過兩個月，略知同事間做事的方法與態度，還有實務上遇到的各種問題，不論是雜事、小事還是大事，很容易催化剛到職者的心理與情緒。舉例來講，很多公司在發展過程中，較缺乏成熟的制度或辦法，多數為經營者說什麼就是什麼，難有任何章法。才到職一個月，會當這叫做「不習慣」，可是兩個月後，會當這叫做「混亂沒有原則」，要是三個月，糟一點可能就當公司是「沒有方向的無頭蒼蠅」。

接著，三個月過後，如果彼此在工作上還沒看到交集，再加上該員工身邊家人、朋友反覆的你一言我一語起鬨，等在經營者前面的難題，可能就是求職者說出：「對不起，我覺得自己不太適合這份工作」或「這工作跟我想的不太一樣，我沒想過要做這些。」然後，所有從招募開始的煎熬，得重新再來過一輪。人重新挑、面試再來安排、到職通知一封一封發，真正到對方願意加入團隊，又是條漫長難熬的路途。

人是屬於反覆變動的生物，不可能在一個狀態下維持長久的穩定，不論外在環境有多安定，人們的內心還是會被外界各式各樣的資訊和誘因影響，導致員工很難成為常態、常年留下來效力。其中要能留住員工的一大關鍵是「成長性」，通常願意加入環境不太理想的公司的員工，看上的不外乎就是未來的發展潛力，與自我在團隊中可以樹立之價值。此時，員工的自我成長狀態，就會成為最容易拿出來說、拿出來用的理由。

同事問：「我也覺得成長很重要！不過說到成長，很抽象不是嗎？每個人學習能力不同，學習方法不一樣，成長要如何在雙方之間找到平衡與交集，應該是一件很難的事情吧？」沒錯，他說到重點。成長對很多人來講相對是一種概念，而不是具體的計畫性行為。所以，如果不是組織化的去教育員工，或是讓工作組織起來的脈絡，可以讓該員工感受到學習與回饋的實質感，可能又會落於彼此沒有交集的口水之爭。

曾經，我們為了解決員工成長的問題，定期找外部的專業講師到企業來，用上班時間來培訓員工，而且培訓的項目絕對不挑他本來就可能了解的領域，而是挑他完全不懂的領域來教。先不論員工有沒有興趣，而是先化解員工本身可能會

挑剔別人容易，做好自己困難。

產生的優越、自尊等意識。講白點，請個關鍵字廣告行銷很熟的老師，跟一位操作關鍵字已經多年的員工說他應該要再多學學、多成長，這不就是換個方式洗員工的臉，告訴他說：「哎呀，你能力還不夠，再加油啦，向老師多學學，這樣我才更需要你啦。」

因此，我們教設計人員學技術，這是他完全不懂的領域，雖然鴨子聽雷，但因為完全外行，只要稍微有點興趣，老師能從很基本開始教起，員工也能夠找到自己嘗試著力的點，很快就能激起雙向互動。又或者是教技術人員畫3D素描畫，讓他們擅長的邏輯，可以用相對感性與圖像化的方式來呈現，只要願意拿起鉛筆在白紙上畫個幾筆，通常大家的抗拒感降低，就不會抱持著「我做這又能幹嘛」的心態。

成長，是真正要能感受到有所差異與改變，而非與過去相去不遠。

經過有計劃的培訓，我們發現，設計人員開始能說出一些技術人員聽得懂的話。技術人員則是可以比較了解設計人員為什麼要做出該種介面與設計。兩者之間的交集點就會在流程、動線、邏輯等處碰上，從原本彼此對立，互不認識的立場，到了慢慢理解對方在說什麼，知道對方會做什麼，並取其中最大的共識來做為每次交流、互動的結論。這過程，我們看得到雙方之間的成長，他們也能感受到自己的改變，團隊間的默契就會慢慢培養出來。

為此，我常讓業務的人參與研發會議，研發的人到業務部去感受客戶需求。信任，就是建立在於「你說我聽得懂的話，我說你也聽得懂的話，我們兩個人在說的話，其實就是同一件事情，這件事情是你跟我都在意的事情。不論有沒有交集，至少我們很清楚彼此不是互相牽制，而是互相協助，只不過在到達終點以前，我們都還得付出相當的努力，盡力向對方靠攏，直到找出交集，想出作法，信任你可以而且我也辦得到為止。」

搞不定團隊，再偉大的點子或想法，不過是泡影。

紀香語錄：

不想在別人的眼光中活著，那就專心於自己目光注視的地方，認真注目著，依照步伐持續向目標前進，擺脫旁人眼光的糾纏，奮力走入自己關注的精采。

02 經營管理，關鍵在人的溝通協調

經營管理並沒有太多複雜的意義，不需刻意去複雜解釋這一詞，說來說去，就是企業讓雇員們去做該做的、必要做的，而背後動機不論是什麼，總有個清楚的目標，比方說營利、公益、社會價值、市場領先、普及率與市占率等。

驅策公司前進的動力，正是公司的使命、精神、願景，分成短程、中程、長程計畫，個別是三年、五年、十年，在符合以上條件之下，公司所設定出來的方向、方針，會成為公司內部各部門的目標，而公司則是走在總目標之上，所有人齊心齊力向著同一目標邁進，建立起同類型的認同價值觀。

舉例來說，有的企業設定的目標是一年要回饋社會百分之十的淨利潤，而訂定的數字可能是數百萬或是數千萬，反推回去則成為企業的營收目標，但營收目標不是給予員工遵循的唯一方向，反而是應該著重在企業想要實踐社會價值的本質意義之中。

透過文字包裝、情感渲染，讓原本單純的業績目標，轉化成為幫助社會的愛心公益指標，每個雇員的付出，都是實實在在為社會在盡一份心力，持續傳達這種意念，企業的價值才有辦法從裡到外凸顯出來，只不過大多數的企業過度玩弄管理工具，像是KPI（關鍵績效指標Key Performance Indicators）、6 Sigma（六標準差Six Sigma）、BSC平衡計分卡（The Balanced ScoreCard）等，最後眼睜睜忽略了自己創造企業所想賦予的靈魂跟生命。

企業成長必須與人的脈動一致，別忘了，企業是由一群具有靈魂生命的人所組成的。

一間沒有靈魂的公司，就像充滿匠氣僅有技術的工匠一般，即便擁有再高超的技巧，商品銷售至市場依然難以取得認同，這是故事說的不夠，這是敘事講的不足，這是溝通談的不到位，也因此沒有中心主軸，目標亂了，方向變了，走向也開始搖晃，那最後到底要雇員們如何看待自己的未來以及公司的未來，這就是經營管理實踐中，多數經營者最常落入的陷阱。

追求利潤最大化的同時，如何先打動內部的同仁們一起往目標前進，然後給予每個人參與完成目標的使命感，接著就像連鎖效應一樣，一傳十、十傳百，士氣鬥志自然會有所提升。可是現實卻是，企業常碰到延命的問題，只好不斷為了眼前的狀況進行緊急救災、救火的動作，久了後，人們忘記自己是誰，忘記為什麼要來公司，公司也忘記為什麼當初需要他們，失去靈魂，只剩下空殼的軀體，那也不過只是行屍走肉般的難堪啊。

唱高調、談理論、說天地很多人都會，我們不想成為電視名嘴，也不想要跟著莫名人事打嘴砲，我們只想實踐自己生活中的價值，藉由工作、藉由公司，一同實踐雙方最大價值化的未來，背後需要有非常豐厚的務實基礎支撐著，如果只是永遠停留在高談闊論的理想世界中，那我想彼得・潘的 Never Land 會永遠歡迎新人的到來。

每個經營者成立公司一定有其目的，目的背後代表著是自己的使命、精神、願景、價值觀甚至是文化，這些組合起來，是一個企業的經營者想要讓外界與企業溝通的DNA，絕不可輕易忽略靈魂的質量，如果連靈魂都沒有，那又要這空殼般的軀體跟外界如何互動？

必須體認到的現實是，**企業經營的價值與主軸，不單單只是系統制度化的管理，更重要的是聲音的傳達，也就是「溝通」，那股帶著靈魂般傳遞的意義直達每個人的心中，這才能將零散的雇員，變成整齊劃一對外同仇敵愾的超級部隊。**

要不然，企業內的每個雇員各過各的，又哪來可能所謂的同心協力呢？

一位很不錯的朋友，經營公司逐漸有起色，他跟我分享一個經營的觀念，我覺得很有道理。

這位執行長說：「當我開公司的時候，許許多多的事情都斤斤計較，不論是大錢小錢，我每分每毫都會跟員工還有會計等人算的清清楚楚。不是我怕他們浪費，而是因為公司的每一分錢都要花在刀口上。」直到有一天，他岳母跟他說：「你開公司就是要有本事可以照顧員工，今天一位員工到你公司上班，後面代表著是一個家庭、要的是一份可以求全家溫飽的收入。如果你沒有本事照顧員工，沒有辦法讓他們的家人安心，那代表著你是位失敗的經營者，你連讓人求溫飽的能力都沒有，遑論還要別人對你盡心盡力的付出。」

執行長的岳母道出了一段很重要的心態，那就是員工屬於公司資產的一部分，既然是資產，那就必須懂得愛惜與愛護。今天員工選擇了一間公司，理由百百種，但唯一不變的是過生活、討生活。一間公司的經營者沒有辦法給員工穩定的生活，那意味著公司本身就是病態百出，因此，也不難推論公司距離獲利還有一段蠻長的距離。

當主管和過人生，都是一輩子的課題，
唯有不停改進、持續測試和優化。

這就像太極的圖形一樣，公司與員工相扣在一起。公司給予員工發展的舞台，並且讓員工獲得妥善的照顧，員工盡心盡力為企業付出，同時也獲得自己努力之下該得到的回饋，如此才有辦法成就正向循環的公司文化。

但大多數的經營者只顧自己眼前的利益與局勢，忽略了過去創立公司的目的，更甚者認為員工全部都只是被呼來喚去的佣人，誇張的連員工姓什麼都不知道。這些都是經營的缺失、管理的不足，連員工都照顧不了，那又有什麼理由能把公司照顧的茁壯？

當企業淪落到這種情況，那就是進入極度惡性循環裡，好人才進不來，或是不進來，市場對公司的風評越來越差，經營者無法有效的真正與員工之間創造雙贏局面，終究也是得走上失敗之路。

紀香語錄：

管理的落實，關鍵應該是做到令員工能「自主管理」，而不是在被命令與要求的狀況下做到「人為管理」。

03 想要別人認同你的專業？閉嘴，做事！

曾有一段時間，我找工作不是很順利。不順利的理由不是因為能力不夠，而是因為無法被對方公司信任。這段往事距今大約十一年前。我以前也曾是個很愛抱怨公司、抱怨老闆、抱怨同事、抱怨工作、抱怨客戶的人。那段時間我的所做所為，在身邊朋友看來，擺明就像是個只會怨天尤人，卻不會怪自己的失敗者。

當時的我，沒有察覺到為什麼工作怎麼找就是不順。面試時相談甚歡，對方也很重視我所做過的專案與成果，幾度以為面試應該是百發百中。可是實際上，真正面試錄取的工作卻不多，我不知道原因，只是以為沒有緣分，沒有多想，摸摸鼻子就算了。這種狀況持續了好一陣子，著實讓我完全摸不到頭緒。無獨有偶，那幾年在我身邊的朋友，可以很明顯的感受到他們避我遠之。我天真的認為是因為他們工作很忙，沒有時間理會我，在他們蒸蒸日上的事業裡，沒有多餘的時間跟我多朋友。可是，每當看到他們在部落格分享出遊、聚餐的照片，心裡面總會有個問號，問著：「為什麼沒有找我？不是好朋友嗎？怎麼照片中沒有我的影子。」

我變得越來越孤僻，越來越沉溺在線上遊戲的世界裡。我逃避現實，不想面對那些嘴巴說是朋友，私底下卻不把我當一回事的人。我以為可以靠著不去想、不去看、不去碰，來躲開這一切，但所有我想逃避的就像是噩夢一般纏著我、跟著我，不論我怎麼去思考，那些被人孤立、排擠的情緒顯得更是強烈，而我就只能無助的被情緒給吞沒。

所有的事情重複了好幾年，身邊的太太也跟著唸我好幾年。她曾跟我說：「你脾氣要改一改，再這樣下去你不僅是工作沒有，朋友也會沒有。」我沒聽懂她的意思，我只是回：「脾氣哪有什麼不好？做該做的，有什麼不對？」她很氣，她說：「你就是這樣，聽不懂別人在說什麼。你有你的苦，別人有別人的，每個人都有，你不懂得把你的苦收好，別人也不會想要吞掉你的苦！」她氣著跟我說完後，我只是靜靜的躺在床上，想著到底我們倆之間出了什麼麻煩。某日，我去一位好朋友的公司拜訪，恰巧因為是失業遊民的身分，能夠趁機到處走走晃晃，於是藉機去朋友公司看看他們經營出來的一些成就。或許，也能夠用這次去拜訪他的機會，聽聽他對我有沒有什麼建議，甚至是探聽他們公司有無缺人的工作。

那天，我才踏入會議室，他就說：「你等我！等我！我現在在忙，等我個三十分鐘。」我點點頭，順手就拿出筆記本寫寫腦袋裡的想法，翻開旁邊的雜誌，看了一陣子。三十分鐘過後，他還是沒有進來。又過了十多分鐘，他終於進來，才把門打開，他說：「再等我個二十分鐘，事情太多還沒有處理完，等我！」然後他還沒聽我回應人就離開。

我足足等了快要兩個小時，才跟這位朋友碰上面。他好不容易坐在我面前，很急促的說：「快！怎麼了？有什麼事情要跟我說？快！沒有的話我就要去忙了。」我沒有意會到他的態度帶點不耐，我很快的說：「不好意思百忙之中還來打擾，今天來是想跟你請教一些事情，像是你們公司怎麼樣，或者是說現在幾位朋友在你們公司的狀況好不好。」他一下子就板起臉說：「你是要來閒聊喔？不早說，我們可以找個時間約吃飯就好了啦。」他示意要我離開，試圖想把我打發走。

我尷尬得跟他說：「都認識那麼多年了，好久沒見面，多聊個幾句都沒有空喔，很小氣ㄟ！」我有點耍性子的回他。他臉色一變，他說：「不是每個人都跟你一樣沒事做，公司事情很多很忙，我沒有時間跟你在那邊閒聊，更沒有興趣跟你聊什麼八卦或是聽你吐苦水。」我聽他這麼一說，整個人坐在位置上不知道該如何是好。我沒有想到不過是一個單純的拜訪，卻會被人用這種冷言冷語的方式給對待。他的每一句話，好像是刀刃一樣的刺進我心，將我就這麼一刀一刀的切開。我顫抖的問：「你事業有成，現在連朋友都不當一回事了嗎？話講得這麼直，是瞧不起我嗎？」他淡淡的苦笑，搖搖頭，好像我所說的一切他無法認同。

他說：「你自己知道做了些什麼事情嗎？」我跟他說不知道，大家都是每天在通訊軟體上面互動的朋友，平常也只有閒聊八卦，哪有特別做什麼激烈的事情。他有點無奈的說：「有一間你去面試的公司，你跟他們聊到我們，然後你很強烈的在他們面前批評我們公司，而且把我們公司說得一文不值，對方甚至把你所說的話，重複在我們面前說一次，我問你，你有沒有說過這些話？」

我非常驚訝，我跟對方私下面試的內容，怎麼會被朋友得知。他又說：「你以為在外面講我們公司的事情，我就不會知道嗎？我跟該公司的總經理是好朋友，他說你去面試的時候，講了很多我們公司的壞話，而那些壞話我還不知道你是從何得知，結果你卻說的像是煞有其事一樣。」

當下我沒有辦法做任何反應，腦袋裡怎麼想就是想不起來到底是跟哪一間公司說過。但我承認，他所說的那些內容，我有印象跟某幾間公司的人說過，甚至在說的時候還加油添醋。他沒打算停，繼續質問我：「你還跟一位朋友說我們的作品跟專案是抄襲別人的，你瞧不起我們，對我們做的事情不屑一顧，對吧？」我試圖想要在他面前裝傻，但現場的氛圍讓我什麼也做不了。

「是……我承認我有說過類似的話……但是那也是我聽來的……我不是刻意要攻擊你們。」我像是個做錯事的小孩，無力的向對方認錯。朋友更氣，他說：「你當你誰？公司你開的？我們公司的事情你都知道？你有在我們這邊工作過？你是真的把我當朋友還是笑話？憑什麼我跟你當朋友，還要在背後被你數落？你做過什麼？你有過什麼成績？你像什麼樣？然後現在來討拍？」他每一句話，都像是槌子一樣往我頭上重重敲下。「不……我沒有……我只是想說大家好朋友……想跟你聊聊而已……沒有別的……。」朋友他氣著說：「我不知道你跟多少在通訊軟體上面的朋友講，但你知道嗎？你跟別人抱怨我們公司的事情，有些連我都不知道，搞得別人來跟我問、質疑，甚至你的朋友跟我們公司員工還講起了些無謂的謠言、八卦，這一切全都拜你所賜，你還以為今天來到這邊，我會覺得你把我當朋友嗎？」我低著頭，一句話都無法回應。

當下，我無言以對，朋友每一句話罵到我心裡，全都是我咎由自取。我難過又尷尬的站起來，想要離開會議室，為這次所帶來的傷害或是任何的不愉快畫下休止符。他看我要走，講了一句：「你工作會找不到，不是因為你能力不好，是因為你管不好你的嘴，你被很多人探聽過，你的評價普遍不好，不是只有你才有朋友，我們的朋友不會比你少，而你不懂的地方是，我們很在乎公司所做之事，你卻只在乎你自己。」

我離開後，回到家痛哭失聲。我終於了解，原來幾份工作相談甚歡，可是卻沒有被錄取的理由，是因為我在外面說的話被人認真檢視、解讀。**我以為是閒話家常的八卦，變成中傷他人公司的謠言。我以為朋友不理會我，是因為他們忙，但事實上卻是這些被我當成朋友的人，都成為了間接被我傷害的對象。**我沒有管好自己的嘴巴，將那些碎碎念，變成了我生活中的娛樂，自以為娛樂到自己及別人時，其實真正被愚弄的人才是我本人，活像個演獨角戲的小丑。

後來，該位朋友始終不願意原諒我，也在那次之後封鎖通訊的管道。我看著朋友欄上的列表，少了一位我曾經很看重的朋友，他從此不再上線。我後來才理解，原來名單上，越來越多灰色名字的人不是沒有上線，是因為他們再也不想跟我連上線。而那些每次我羨慕、期待的聚餐，之所以我不在裡面的原因也是自找的，只因我沒管好自己的嘴巴，控制不了自己，無形之中用各種語言傷害到別人。

一直到三年前，一次會議場合，我意外的碰到了那位朋友，他現在已經是一間五百人以上企業的執行長。我在會場中尷尬的跟他點了個頭，他也看到我示意一下。我轉身想說趕緊離開，不要讓他覺得不舒服，沒想到他特意走過來，開口關心我：「最近過得如何？還好嗎？好久不見，聽聞你現在越來越好，工作事業都有所起色，很不錯啊。」我好驚訝，非常驚訝，我想說他怎麼會知道我的近況，順口就問了他。他說：「陸陸續續都有看到你的消息，也從旁得知你很認真的在過日子，而且後來看你寫文章，從內容中知道你的改變，說真的，很難想像我們快要十年沒見，你的變化如此之大。我曾經以為你會就這樣一直下去，不會再改變什麼，但現在看你越來越好，真的很替你高興。」我激動的眼眶泛紅。

他拍著我的肩膀說：「那時候，話說的難聽，是因為很氣，非常氣，但會氣是因為把你當朋友，很重視你這位朋友，而你來之前，我跟幾位朋友就討論過要不要跟你開誠布公的說，有人反對，有人則是支持。我想，誰都不願意當那個敲醒你的人，那就我來做，也許你會恨我一輩子，但在我心中，你的才華與能力不

希望在個人工作信念中，可以多一點別人，
多一點讓每個人可以過得比我更好的想法。

應該被個性給浪費掉，不如我就當一次惡人，讓你恨，看看你能不能想通。」

他話還沒有說完，我眼淚就不禁潰堤。將近十年，我以為他再也不把我當一回事，想說這位朋友就跟我斷絕關係。沒想到他還是默默低調的在關心我，甚至還透過客戶、同事的管道，私下轉介紹一些案子過來支持我，就在我創業開工作室的那一年。他對我這麼說：「朋友一輩子就幾個，是朋友的，會告訴你這麼做是不對的；不是朋友，就當你是個笑話，笑笑就過。」「我要告訴你，你不應該是個笑話，你是個能做事的人，只不過不要被你的缺點掩蓋住了優點。」

我終於明白，人生中大部分麻煩都是自找的，特別是禍從口出感受尤深。在那青黃不接，要上不上，要下不下的階段裡，眼前世界就像是看霧裡的雪花一般模糊不清。不論怎麼做，都難以清楚去界定範圍與邊界，以至於觀點不確切的狀態下，常常做了不適當的行為或言論。這些脫口而出的內容，無法準確描述事實導致與現象有所落差，最後這一切的後果，會像是退潮之後的海浪，再次狠狠的向身上打來，只不過那個痛，是痛徹心扉，難以承受之痛。

想要別人認同你的專業？閉嘴，做事。做出成果自然就會被人認同。

紀香語錄：

這世界上每個人都用自己不同的眼神看著別人，卻常常忽略了別人也正在看著你。不論自己被別人用什麼眼光看著，重點是自己看人的眼光不要偏、不要歪，用一顆正直、耿直的心，看待別人，看待這個世界，心正，人也跟著正。

04

合作不是拉扯，是一來一返分寸的收放與拿捏

有人原本預計合夥做生意，但發生這樣的問題：本來是很熟的朋友，信誓旦旦給出不少承諾，當對方很相信也認同他的想法時，他卻突然愛理不理，而且在未經說明的狀況下，轉而跟其他人合作，原先談好的合作方案落得全無下文。遇到這種狀況時，我們該怎麼面對？需要主動去找對方質問為什麼會這樣嗎？

工作上的合作和事業上的合夥，相信類似的問題經常發生。合作這檔事情你情我願，不是某一方能強求來的。如果對方本來就不把你們的合作當一回事，也毋須為此多煩惱或多費唇舌。在這社會，多數人會依照自身利益狀況，做出最適合的選擇，哪怕是合作多年的夥伴也一樣。

我自己看待合作這件事情是這樣：「**能滿足對方的利益為前提之下，再來跟對方談能夠給我什麼相對的回饋，彼此建立在互相都能從中取得平衡的狀態，依此原則作為雙方合作之依據。**」只要有一方在合作的利益端失衡，有時候連最基本的朋友都不一定當得成。你永遠不知道上門來談合作的這個人，到底是為了跟

你當朋友、還是為了分你的事業一杯羹，或是為了你背後所擁有的資源而來，決定事業合夥時要特別謹慎。

現在是朋友，不代表未來會是朋友，同理，現在不是朋友，未來也不一定不是。我認為重點在於自己的價值觀怎麼認定。我曾跟一位朋友談到合作的本質與意義，他分享了許多不錯的看法，特別他提到：「是朋友的，定當在能力範圍內全力幫忙，不計較得失，只要建立在有意義的狀態下，彼此互惠又能真心分享一些相互所能，沒有不幫的道理。」朋友，是他在社會生存的意義，也是他一路走來，帶給他最多的收穫。

我是這麼認為：**工作場合中，有些人不一定真的想當你的朋友，他們看狀況能幫則幫，但用「幫」這個字又太過矯情，倒不如說是「各取所需」**。所以，讓對方知道事情的運作狀況，保持雙向往來通暢的溝通管道，彼此的關係才會呈現正向發展的狀態。

基於最低底線不讓任何人吃虧，我總會先提出「我能給的」，再來向對方提「我想要的」，這一切全建立在彼此是互相需要、互相依賴的狀況下，而非單方面的給予、付出。

如果你不懂得別人的心情，
你又怎麼能號召別人為你做事情。

合作對我來講分成兩種：一種是有資源的找上有資源的；一種是沒資源的找上有資源的。前者我們一般來講就是普遍的「異業結盟、合作同盟」，另外一種則比較偏向「資源交換、短期投資」。不管對人、對事，把話講白了，很多事情才不會混淆。是朋友的歸朋友，但事業就歸事業，有些人喜歡將朋友跟事業混為一談，導致最後事業合作不成，連朋友的關係也跟著打亂。特別談合作這檔事，只要有一方委屈、難受了，把事憋在心裡不說出來，工作上像是給你一個悶棍再也不回頭，連朋友關係也同樣的無法再回頭。

朋友能在事業上給予幫助，那叫福緣；而做事業剛好能交到朋友，那叫善緣。千萬不要把事情看成理所當然，尤其商業運作上，有太多眉角並非三言兩語就可以解釋清楚，還有溝通的深度、精準度，都是人與人交流之間最基礎，也是最容易搞砸的地方。

合作，不是雙方拉扯，反倒應該是一來一返之間，各有分寸的收放與拿捏。我常跟學生分享：「合作關係就像音樂的旋律，必須在每一秒鐘呈現相對平衡，旋律才不會刺耳、才不會難聽。其中，只要有幾個音符走調，整曲旋律就會出問題，再美妙的旋律也會變成刺耳的雜音。」

如果合夥人拆夥，或是有人因為少了合作對象而找上你，可以的話，專注做好自己該做之事，也別去問原先合作的夥伴怎麼了。相信別人這麼做自有他的考量，你則將心思放在那些應該顧好的事情之上，別讓一個合作夥伴的離去影響你。就像我也常說：「**做好自己，做好手上的工作，那些需要你的人自然會來。手上的事情沒做好，身邊有再多的合作機會都會被搞砸。**與其在自己未熟階段就搞砸，倒不如就像烹調一道美食般的慢慢煮、慢慢熬，入味再來就是入魂。」

談合作，先談自己能給對方什麼，再來想為什麼對方要跟你合作，所有合作前提都成立後，合作才算是有了好的開始。

紀香語錄：

路遙知馬力，日久見人心。這條路有多長，這日子有多久，沒人知道，不過絕大多數，很少有人能走完這條漫長的路，過足那些冗長的日子。

因此，什麼是馬力與人心？如果你曾見到過，恭喜你。

05

成為優秀的專業人士前，先學會做人

學習專業的同時，也得學學人生處世的道理跟準則。

我常常跟學生分享到「你能在專業領域累積出很高的知識與見解，但你更應該知道這些專業要怎麼被運用到你的工作或生活之中。」與專業人士工作，雖然你可以從中看到很多優秀、卓越的表現，但往往你也可能看到他那應對、進退失當的狀況。專業人士不是萬能的，也無法隨時都保持在最佳狀態。

有一位年輕人，他的生活只有工作，對於專業知識的汲取毫不落人後，然而在職場中以他的經歷與資歷，完全沒有辦法跟那些經驗老道的資深工作者相比，但他卻不以為意。他認為只有專業才能駕馭一切，擁有專業，自然就能服人，甚至，他覺得專業才是職場上競爭生存的王道，沒有專業的人就毫無價值，必當是該被淘汰掉的一群人。

那位年輕人因為專業，很快的在職務上被提拔。他很清楚為了要累積實力，還得往權力中心靠攏，於是他花費很多時間去巴結客戶、主管，他將所有的心思與心力放在那些他重視的人身上，至於他身旁的同事、同伴全都被他拋開，他將這些人踩在腳下。

他從不去在乎那些人做了什麼，他總是說：「連這都不懂？很簡單的事情都還不會，到底公司為什麼會讓你在這。」他沒有任何的憐憫。隨著時間推進，他漸漸在職場上累積出不少專業實力，靠著那些實力，他接獲工作邀約的條件越來越好，他得到的收入、收穫也越來越高，他自滿的活在那世界之中，覺得人生不過就是如此，有所付出就必當有所得。

很長的一段時間，他從沒有回頭去顧及那些在他身旁的同事或是朋友，他自顧自的做自己，一步一步用實力與專業去實踐每個人生中的計畫。他以為每一個相處過的人，都因為他的專業而折服，每個人都是看重他的專業才會相伴左右，他卻沒有想到那些全都是因為公司、組織的制度與規則，才迫使著同事在他身旁，他仍不以為意的用自己所理解的專業，去踐踏其他人的尊嚴、想法，他那唯我獨尊的世界之中，只有一個原則，那就是「寧我負天下人，休叫天下人負我。」

他霸道、蠻橫，在他知道的世界裡，要不就是聽他的，要不就是選擇離開，承認自我的無能。因為在優秀的競爭世界裡，不該有瑕疵。他每天都在盤算著下一步要為了什麼樣的目標前進，盤算著要用什麼方法、方式往上爬、往前跑、往縫裡鑽，除此之外，所有其他的事物都不重要。或許他的作法給了他不少收獲，不僅在同年齡的人之間，有著相當優渥的收入，又再加上企業內的老闆、投資人親睞，他更有恃無恐的用著大無謂的態度猛力衝刺。可是他忽略了，這一切全都是在企業保護傘下才存在的。

有一天，他任職的公司聘請另外一位專業經理人，這個人在他眼中完全不入流，沒有專業也沒有什麼素養，根本不足以掛齒。他認為在這專業能力至上的社會，如果不具有專業度，那也不過就是讓人取笑、讓人糟蹋罷了。他自顧自的活著，另外那位新來的專業經理人，則花了很多心思跟公司各部門的同仁溝通、協調，試圖去傾聽每一個人的想法，並歸納出公司可以改善的方案與策略。再者是，該專業經理人私下常常邀請同事們出去吃飯、喝喝酒、聊聊天，跟同事們談論著對公司、對生活、對未來的許多想法。

直到董事長把他叫到辦公室裡，問他為什麼最近負責的事業部沒有太大的起色，他用專業解釋著每種可能與狀況，但董事長不能接受他的說法，董事長說：「你要就做給我看，不要去解釋那些現況，我們知道是如此，但最重要的是你能做出什麼結果給我。」他滿肚子委屈，心想著莫名掃到颱風尾。結果，董事長提到：「你知道新來的專業經理人做得怎麼樣嗎？」「還能做得怎麼樣？很多專業跟事情都不懂，我想應該做得不好吧。」董事長說：「他不過才來三個月，已經解決多年來公司內部作業流程不順暢的問題，短縮全部作業同仁將近百分之二十左右的時間，另外，他還推動幾個公司喊了好幾年卻都沒有進行的計畫，他來的這段時間，已經替公司創造了很高的價值。」

董事長跟他說：「光有專業不夠，你的專業還要能夠懂得怎麼被妥善運用，去推動各種事物。」那是他多年來第一次被專業之外的問題給狠狠痛擊，因為他就像是鬥牛犬一樣，遇到障礙或是困難，硬著頭皮撞破就好了，客戶有問題就解決客戶、同事有問題就解決同事，他的價值觀就代表公司的價值觀，他的想法就代表公司的想法，他的所作所為，雖然全都是站在公司的出發點，可是他卻沒有想到公司不是只有他一個人，只有他一個人的話，公司也無法運作。

該名專業經理人很快取代掉他的工作。他手上的工作因為對同仁的協調、溝通產生障礙的關係，被交付至專業經理人手上，他慢慢被邊緣化，那些熟悉的世界頓時變得模糊不清，他不懂為什麼用專業無法駕馭事情？用專業無法統御人

別變成過去你最憎恨的那個人。

們？用專業無法改變現況？在他心中冒出很多不解的問號，他消沈好長一段時間，找不到答案，慢慢被董事長閒置，變成一位食之無味棄之可惜的人。

專業經理人在一次的中午休息時間跟他閒聊，兩人聊了很多話題，這也是他第一次願意張開耳朵聽對方講什麼。專業經理人跟他說：「你能力真的很強，在很多領域你都是大家學習效法的對象，要是我有你一半專業的話，肯定現在可以把許多事情做的更好。」他聽到專業經理人這麼說，抱持懷疑的口氣問：「為什麼你會覺得我的專業比你好？你在公司的表現比我還要好不是嗎？」專業經理人說：「哪個人不會想要擁有如此專業的知識、經驗與見解。對吧。」

專業經理人又說：「我在一些公司效力過，但第一次看到有人能在專業的領域有如此卓越與傑出的表現，以你的能力來講，會是許多公司爭相需要的。」他回專業經理人：「或許吧，我自認專業領域不會輸給任何人，可事實擺在眼前，你做的比我好，就專業來看，你肯定比我還要來得好。」專業經理人說：「不，其實我根本不懂該怎麼做會比較好，我也不清楚這樣做對不對。」「應該說很感謝那些跟我共事的每一位同仁，他們願意全心全意挺我吧！沒有他們挺我，也做不出現在的結果。」他很驚訝：「什麼？他們挺你，可是他們大多事情都不會啊！」專業經理人說：「是啊，說起專業，他們真的比我們都還要不足，但是正因為我們專業，更應該引領著他們去做，帶領著他們去做，讓他們得以被我們的專業推動與堆砌。」

他好奇的追問：「你能否說的更清楚一點？」專業經理人說：「我每天跟他們相處，了解他們的特性，知道他們的想法，我只不過在他們既存的想法上再推了一把。我讓他們做他們覺得該做的事，過程中，我引導他們，告訴他們可以怎麼做，並且聽聽看他們想怎麼做，同時不斷跟他們討論每次做完一些事情後的結果，該怎麼去調整與修正。」他搖搖頭說：「你這樣不就是自找麻煩，他們沒有專業肯定做不好，這一來一返之間，不就耗時很長？」專業經理人說：「也許吧，不過我覺得就我的專業來看，也只能做到協助他們，盡量在前進的軌道上不要偏，讓事情往我們覺得可能正確的方向前進。」

專業高層和員工一起決定一件事情？一起共同承擔責任？這其實是一個平行互惠的合作基礎。主管擔責任，下屬也得擔，大家是一個團隊，要把事情做好那就一起承擔，不論好或不好，不會是某個人獨自承擔過錯，有利益也一起獲得和分享。

團隊合作切記去除本位立場，
要「換位思考」還有善用「同理心」作為溝通準則。

身為主管最大的事，就是促使同事們的工作被順利推動。有人也許擔心這樣會不會花太多時間在一些錯誤的人身上？傳統的作法，應該是用一些方法要下屬按照著做，做不好就訓練到他們可以做到為止。但是另一種觀點是讓屬下去嘗試，去摸索，如果連這種機會都不給下屬，那麼將沒有人會願意繼續工作。

犯錯這種事，誰都會碰上。我們不要苛求下屬永遠不出錯，就連資深專業人員或管理階層，都有可能做出錯誤決策，我不認為需要特別去討論犯錯或做對，因為重點在於犯下錯的時候有沒有意會到。比起大家去檢討對錯，我比較需要他們**看到自身的錯誤發生在哪裡，從中學習到錯誤構成的理由與原因，再來才去思考要怎麼做，才能於接續的工作中把錯誤變成一種經驗。**

每個人的專業都不同，好比你的專業也許在全公司是最頂尖的，但是公司看的是整體組織表現，我們做的是團體構成的工作，反而應該去看每個人的平均表現。即便那看起來不是很專業，但要是透過我們的社會歷練與經驗，能去拉抬他們的能力，避開一些我們曾遇過的問題，甚至是當他們已經要踩入陷阱，我們得適時的伸出手來拉他們一把，又或者當掉入陷阱後，可以很快的從中爬出來。

有人認為這樣做很耗費功夫跟心力，但有績效傑出的專業經理人這麼說：

「對啊，這真的很耗心力，所以我喜歡找大家出去吃吃飯、聊聊天，坐在一起彼此互相安慰，反正都是生活的一部分，好好的過日子，不過如此而已，順便趁機去聽聽他們的心聲，了解他們心裡面不舒服、不高興、不適應的地方在哪裡，身為朋友或長輩，就幫他們順便解惑吧！」他強調：「把互助的概念當作生活的一部分，專業也許不是那麼強、那麼具體，可是卻能在職場上結交很多好人緣，這也是一種重要的專業功力。」

一位專業經理人就曾勸過能力好但人緣不好的朋友：「你應該跟著一起出來吃吃飯，聊聊天，讓大家認識你。」這位朋友在他多年的工作經驗中，感覺到最多的是孤單與寂寞，總是覺得身邊沒有什麼人聽得懂他講的話，也認為心事沒有人可以傾吐，一段時間後，他習慣工作與生活就是如此，他只知道世界中唯有強者才可以佔領土地，擊潰對手，可是他永遠沒想過孤軍奮戰的處境，全出自於他自己的工作習慣、工作態度、工作表現，以致於沒有人願意在他身旁挺他、幫他、助他。

他接受建議後，至今每天都在回顧檢討工作中犯下的每個錯誤，試圖改進每個他應該做好卻沒有做好的事情。以前在他的世界中只有他自己一個人，但現

搞不定團隊，
再偉大的點子或想法，不過是泡影。

在，他的世界中多出很多夥伴、朋友、同事與家人。他的眼中，現在少掉了許多的自己，多了很多的別人，逐漸敞開心胸，擁抱那些原本很陌生的人、事、物，他終於一點又一點打開心中緊閉已久的大門。

其實這個人就是我，就是那位曾經被同事當作混蛋卻毫不在意，以自我為中心的爛人。

現在的我，希望在自我世界之中，可以多點別人、多點不是我的東西，多點讓每個人可以過得比我更好的念頭與想法。

紀香語錄：

有些細節，你覺得無關緊要、無傷大雅，認為沒必要為此計較、傷神，進而選擇忽略。但當你疏忽了大多細節之後，那些被忽略的細節就會轉變為一大掛的問題、一連串的失敗、一個又一個的大洞，最後成為魔鬼回頭反噬你。

惟有對細節堅持的態度，才能造就所謂的與眾不同、超凡出眾。

06 小事做大，大事做無

聽到朋友公司用人，特別雇用二度就業的婦女，他提到二度就業的婦女其工作態度之好與細心，超乎他的想像跟期待，讓他覺得請這些媽媽來工作，相當有福氣。

幾年前，去日本旅行，發現當地飯店的服務生、計程車司機、餐館服務員等，清一色都是年紀稍有的長輩，一度以為是日本高齡化社會所致。後來，聽聞教授說那是企業刻意聘請，因為長輩們有豐富的社會歷練，對人、對事的態度成熟，面對各種不同的情況反應也都很穩定。

昨天中午跟助理們吃飯，聊到關於工作態度方面的看法，我舉了兩個例子給她們聽，跟她們分享——**小事做好、做到極致完美就能變大事。如果大事在手，卻連基本小事都疏忽做不好，則一切枉然。**

忠孝東路五段上的一棟辦公大樓，老李是大樓管理員，只要上班工作，每天絕對能看到他那陽光般燦爛的笑容與熱情的招呼。老李六十歲了，應該要退休，但他就是不願意，每天堅守在崗位上。那棟大樓，有點年紀，但該大樓卻相當不可思議的狀態出奇之好。我從沒有一次看到大樓的電燈泡壞掉或閃爍、沒看過樓梯口有任何菸蒂、沒看過走廊上有任何垃圾、沒看過入口大廳的紅地毯有特別髒污、更沒看過電梯的按鈕藏了什麼汙垢。

整棟大樓上上下下的每一個人，老李都認識。今天哪間公司有新人到職、有誰離開、每間公司有多少人、老闆是誰、經理是誰、行政人員是誰，他都知道。甚至，他還記得有些人的生日，只因每當送蛋糕的來，他都會去特別關心一下。他在位置旁準備了個冰箱，幫那些送貨過來沒人收件但需要冷藏的包裹，特別收在冰箱裡，直到取件人來拿為止。每天我們上班搭電梯，他總會特別站在前面幫忙先按電梯，讓上班人潮不會在一樓堆積變長。

「紀香早安！今天看起來心情不錯喔！加油！」老李三不五時會來這麼一句。不只是我，其他公司的人，他也能叫得出名字，而且打招呼的方式多種、多樣，不會讓你覺得他是做表面工夫。因為他這麼做，很得那棟大樓各家公司老闆的賞識，連我們公司的董事長對他也特別看重。有次，董事長要我請他到辦公室來，老李說他要顧前門，沒辦法上去。因此，董事長特別跑到樓下跟他聊。

「老李，有沒有興趣到我們公司做總務方面的工作，薪資一定給你比現在這份工作還要好上很多，有沒有興趣？」我在旁邊聽董事長跟老李聊。老李笑笑的拒絕了董事長，他回：「人年紀大了，沒辦法跟年輕人競爭，所以還是放過我吧！而且，如果我跑去做你們公司的總務，那這棟大樓誰照顧，特別是那些沒人管的小事，這棟大樓就像是我家，把它照顧好，讓大家在這邊工作開開心心，是我的責任，我也只能做做這種小事，您就讓我開心的這麼過吧。」董事長聽了後，笑笑的離開。老李在這棟大樓接過很多公司老闆的邀請，但他對於自己所堅持的崗位，不想太多，專注做好就是。

許大姊是我們公司的行政專員，她在公司的存在感不高，大家平常對於跟她的互動往來相當之少，偶而需要簽名蓋章，或是送件過來她才會出現，不然平時根本沒有人知道許大姊在公司。直到有一天，她離開公司，因為年紀過了五十，有點大了，公司想聘請年紀輕一點的社會新鮮人來做這份工作，薪資也不用像給許大姊這麼多。因此，許大姊被公司資遣了，她離開沒有太多人知道，靜靜的離開沒有人多過問。

新來的行政專員，年紀輕，想法很多，開始了一套自己的行政作業標準。她

你行，一定行，
只要你願意，再高的山都會被你所征服。

整理出許多流程、表單與文件，然後，開始要公司很多人補填。又設定了許多各式各樣的標準、辦法，要求大家配合作業。這時，公司開始抱怨聲四起。特別是平常辦公日用品，以前想要就到行政櫃檯拿就好，這下全都得申請、登記、審核確認，瞬間工作中多了許多雜事庶務得弄。而原本沒有人分配去打掃的廁所，因為新來人員的要求，每個人都被強迫安排當值日生去看廁所的狀況與清潔。

公司內部的聲音越來越大，大家抱怨的頻率越來越高。大家不解，為什麼以前都沒有什麼事情干擾，怎麼來了個新人就一堆事情要做。新來的行政專員一開始將責任推到之前的人都沒做，她來了之後重建整個制度，讓公司變得更完整，所以才會開始對這些事情感受特別強烈。她期望每一個人都能配合，畢竟公司是一個有制度的組織與環境，需要每一個人的付出及維護。她相當正義凜然的說著，大家聽她這麼講，除了無奈也別無他法。

有天，執行長檢查了辦公室環境，他大發雷霆質問著：「為什麼茶水間桌面沒有人清理？櫃子裡的東西放得亂七八糟？還有廁所怎麼沒有衛生紙？洗手臺上的肥皂流的到處都是？我想拿隻筆與電池，竟然找不到哪邊可以拿？當初不是都放在行政櫃檯前嗎？現在到底公司這些作業是怎麼運作的？」執行長憤怒的罵著。新來的行政專員很緊張的回：「我們都有安排值日生，可能是值日生的監督不周才會這樣，下次會特別改善注意。」

「以前沒有值日生，所有事情順順利利，沒有這種問題啊！」執行長講。這下，新來的行政專員緊張了，她不知道該怎麼說，慌的在現場哭了。這下惹得執行長更不高興，因為新來的行政專員也常在他桌上擺了一堆文件要簽、要看，可是以前執行長看文件，許大姊都會將很多重點圈起來，並且貼張便條紙在旁邊告訴執行長要注意什麼，讓執行長在看文件時可以更快速的審閱。新任行政專員這一哭，讓執行長火氣整個上來，問到：「當初有沒有做好交接？到底知不知道該怎麼做才對？」行政專員回答「有」，可是執行長無法信服，於是請人再聯絡許大姊回來確認一下。許大姊一回來，那張熟悉的面孔又出現。她一出現，大家心中有種莫名的安心感。執行長要求我協助確認交接完整，於是我全程參與她們兩人的交接過程。

新任行政專員說：「執行長說我沒有跟妳交接好，但大多事情我都有跟妳確認過，怎麼會沒有交接呢？妳跟執行長說我們有完成整個交接。」許大姊說：「我們確實有完成整個交接。」行政專員說：「所以我們有做完交接，事情都沒有問題啊！」許大姊苦笑，我也不知道該怎麼反應。看事情好像差不多如此，我用請教的方式問許大姊關於之前她所做的事情，我跟她說：「許大姊，為什麼以前我們都沒有很多文件要處理，原因是什麼啊？是因為妳都沒有做嗎？」許大姊說：「沒有啦，平常知道你們忙，所以很多文件我這邊能做的就先做完，然後到你們那邊就只要簽名。像是請假好了，我都幫你們先把假單填好，之後再請你們簽名確認，這樣你們就不需要花時間去寫那些文書作業，這種雜事讓我來做就可以了。」我聽了有點訝異！又問：「許大姊，那我們現在買東西都需要申購，以前妳都是怎麼做？」許大姊說：「我知道你們每個月要用多少文具、需要哪些東西，我會看狀況自己先去採購，然後看大家主要都用什麼，集中買多點，可以省多一點，之後就去財務那報帳就可以了，你們只需要來拿和簽個名就好。」

行政專員聽了有點傻眼，換她問：「那些行政作業我看妳都沒有做，那是怎麼管理公司的相關制度與辦法？」許大姊回：「不用做啊！我們只要做好基本讓大家在公司可以習慣的環境，然後一些文書文件我做記錄就夠了。比方說大家要用會議室，那就我來處理，去問單位主管幫大家排一排。還有人員申請，很多資料都是我先整理好、填好，然後讓單位主管看過沒有問題，文件給當事人簽過我就接著做了，只要給予大家一個可以專心工作的環境，其他的雜事我做習慣也熟悉了，不用麻煩到每個人。」

「可是廁所跟環境清潔？妳是怎麼處理，請外面的人來打掃嗎？公司又沒有預算！」行政專員說。許大姊回答：「哎呀，那個中午我都自己帶便當來公司吃，吃完沒事做，年紀大又睡不著，所以就趁著那時間去打掃整理辦公室，幫大家把環境弄乾淨一點，舒服一些就好，反正一個小時的午休時間可以做很多事情，很快不要緊的。」「但廁所……」她又問。許大姊說：「我坐久了腰會痛，所以每次站起來運動個幾下時，就順便走到外面廁所巡一巡，看看有沒有不乾淨要整理的地方，有的話就順手弄一下。」

我聽完許大姊這麼說，這才意會到，**原來她之所以在公司存在感極低，是因為她把很多小事打點的很好，幾乎讓我們完全無感。**她自己會照顧好我們的生活大小事，令我們只需要專注在工作中，完全不需去理會她到底做了多少事，又付出多少心思在這些上面。原來，不是工作沒有交接，而是根本對做事情的態度與方法不同，導致產生完全不一樣的結果，即便一個很聰明又相當伶俐的女生，沒有辦法理解做事的一些眉眉角角，用心的角度也放到不同地方，事情的結果也就

小事持續做、穩定做、認真做、積極做、用心做，也會變成大事。

徹底不同。

後來執行長又把許大姊給聘回來，給她更好的薪水，並且請她幫忙帶新來的行政專員，將她的經驗傳承下去，那天之後，公司又回到原本舒適自在的環境。

或許跟年紀沒關係，但是人生經歷過後的那種洗練、淬鍊、幹練不是說有就有，更不是說想學就學得到，人生中能遇到像是老李跟許大姊如此亦師亦友的人，著實令人收穫良多。

紀香語錄：

機會太多時，反而感覺像是沒有機會。而關鍵在於是否能夠區分哪些是真有意義之機會，哪些又不是。

07 信念，單純的向目標前進

「一百八十億。」我問太太她們一年的業績要做多少，她這麼回我。「那這樣不是代表一個月至少要十億以上嗎？」太太回說：「是啊，公司希望至少每年都持續成長，今年目標可能他們還覺得太少。」我再追問：「那你們現在業績達成多少了？」「Q1應該三分之一到了吧，其他的就存到Q2再拼。」

她最讓我佩服的是為了跑客戶，可以一大早出發到高雄，然後從台中、新竹、桃園一路跑客戶回到台北，到家都已經很晚了，而這不是偶而為之，反倒幾乎每個月都得聽她說一次又一次的環島計畫。她的鞋子一個月壞個兩雙是常有的事情，我看她每雙鞋子幾乎不是開口笑，就是破爛不堪。

我跟她相處的十七年裡，她最常講的是：「**我笨又不聰明，學習能力也差，但是我願意做，只要能做就用心賣力去做。做事我行，只要告訴我方法就一定去做去嘗試。**」她三不五時就會說：「我沒有你那種聰明的頭腦，我就是笨，但是勤能補拙，很多事情叫我做，就一定做到底。」誰能想像她原本是讀化妝品管理科系，原先就業打算當櫃姐。出社會那麼多年，她真的就是貫徹自己做到底的意志。很多事情可以用聰明的方法，她不會，她只會那些最純粹的直來直往，而那頑固的個性，也讓她曾在職場吃上不少虧。

曾經在銀行端，她每日服務的客戶數是同事的一倍，她總相信「做多總好過於做少，甚至好過於什麼都不做。」過年前，又到了每年重要的送禮時刻，她有天主動拿手機的照片給我看。我一開始還覺得無聊，我問她：「這照片是什麼禮盒嘛？」「對啊！是禮盒！你看到什麼不同了嗎？」她問。我看了一下，說：「包裝還蠻好看的啊。」她滿意的說：「這包裝我做的喔！」我再仔細看看，「你說這麼漂亮的包裝是妳做的!?」她驕傲的講：「我跟你說，這包裝還不用花什麼錢！我自己去書店買便宜的包裝紙，自己折，比起禮品店包裝的還要便宜五成以上！多省啊！」

她就是一個這樣的人，大事小事她都會細細的去打量、考量，遇到她得爭取的事物，可一點都不會退縮。我問她為什麼不交由禮品店的人去包裝，她說除了價格考量以外，她覺得給客戶的心意也不能省。我說大多人不是就拆掉而已，誰會去計較這麼多。她回：「誰說的！像我收到覺得很漂亮的包裝就捨不得拆，我覺得要讓人喜歡上這個禮物，那就要做到讓人有捨不得隨意亂丟的感覺，尤其我特別讓這禮品好拆，不會傷害到包裝！這樣人家就會想留下來。」她一句話，點出很多人沒辦法了解的職場競爭門檻與現實。

妳說你每個禮品都是自己包裝？但這樣多少個？「快要一百個吧。」我驚訝不已：「什麼!?一百個妳都自己包，那妳時間夠嗎？」她老神在在說：「可以啊，我禮物分批送，又不是一次要送光，而且我都利用空檔時間包，反正去拜訪遠道客戶的途中，順便包也行啊。」我突然了解，原來每天她手提一大包超重的提袋，裡面滿是一堆包裝紙與工具的原因，她覺得時間不夠用，就只好利用通勤的時間。

即便如此，她每天依舊想辦法提早去接女兒，回到家準備晚餐，除了萬不得已，她一定比我早回家，並且先把家裡大小事處理好，她就是一個這樣的女人，一個白天用盡所有心思處理公事的女強人，回到家，成為一雙穩定支撐我們的推手。我曾問她：「妳每個客戶都去跑，遍布臺灣這樣子會有效嗎？妳不會覺得有些成交率不高的去跑很浪費時間嗎？」她說個很簡單的道理：「**今天你不去，別人就不知道你在，你去了雖然不一定有機會，可是不去是一定沒有機會**。所以不

不論想實現什麼，
先從自己不成為別人的包袱跟負擔開始。

管怎麼樣，去露個臉給對方一點印象，讓對方知道我們還有這些產品在賣，至於對方是不是真的願意買單，我覺得那沒什麼好強迫的。可是有件事情我一定要做到，那就是當對方想買的時候，對我們家的產品會有印象，那就夠了。」

她並非天生業務好手，她唯一的優勢，可能是外型會讓人感覺很舒服，而她每次都在講「我真的很不擅長講話，講話都沒什麼內涵、沒什麼深度，跟別人聊天常會講到沒梗，我真的做業務做的很吃力。」她在講這句話的背後，其實她為了補足自己的不夠，常常會去背笑話、記有趣的梗。她用超過百分之百的努力去彌補那可能不到百分之二十的不足，她覺得還是不夠。

有一次，我問她「為什麼妳手上有這麼厚一疊的某知名餐廳餐券？」她說：「跟客戶吃飯時要用啊！」我不解，她又說：「你要懂得對別人好，反正橫豎都得招待客戶，不如碰面時就約在好一點的餐廳，大家都會互相請客，那買餐券還有省，要談事情約在好一點的餐廳吃飯，相對話也比較講得開、講得舒服，買賣不成，心情一樣要快樂。」這是她的價值觀，也是她做業務以來堅持到底的原則。

「我沒用到就送人啊！誰說一定要自己用，今天你對別人好，雖然不期待對方一定會對你好，可是總有個人情在那邊，做人就是要懂得互相，這樣才會有往來，不管我們背後有多少業績壓力，那都不會是我今天硬去跟客戶要就會有的，只有持續不停的經營人情，才有機會讓對方主動打開雙臂，總之，做就是了！想太多反而不會好，因為夜長夢多啦！」老大單純的這麼想，也因為這麼想，所以不論她承擔多少業績壓力，她總是不去想得太複雜，只盡力去做那些純粹該做好的事情。

「妳這季業績已經做多少？」「差不多快六億吧。」她說完後就下車，繼續往下個安排好的客戶那拜訪，日復一日堅持做著一樣的事情。信念驅策著她前進，至少她知道**人生不需要太多複雜的事物或知識，一樣能前進**，而她就是這麼單純的一步又一步的往前走。

紀香語錄：

要把一件事情做到好、做到完美、做到極致，關鍵在於持續、不斷、不停止的反覆操練，直到當自己以為已經足夠的時候，再次將自身倒空，重新再來過。

08 指導棋你會下嗎？當主管該做的準備

身為 Manager（管理者），沒有身為 Manager 的自知，那充其量不過是掛著 Manager 名牌的 Worker 罷了。雖然用「你的高度在哪，成就就在哪」的話來激勵人們，大多時候都會獲得認同、理解，但又有多少人真的認知自己的高度在哪邊？

當不了解自己現在的高度以及應該要有的高度，那依然是白搭。以前CEO常跟我說，職場上有掛 Title 的迷思，掛越高會覺得越開心，可是常常掛了後，卻不知道自己的高度該有的態度，所以掛了後反而表現會失常。

Title 並不是一種獎勵，而是賦予一個人某種責任目標。被賦予的人應該要為了該目標盡力完成，那是肩負著管理的使命，不應該將 Title 認為是一種獎賞。Title 是對被賦予者的更高期待，希望能夠擔起重任，完成企業所設定之任務目標。

當個好主管，就是一位爛主管。第一次聽到總經理跟我講這句話的時候，我還不了解為什麼一位好主管會是爛主管。他說：「因為你對部門成員太好，即便他們工作沒有做好，沒有達成該有的績效，你依然放任他們，甚至是累死你自己，替他們完成沒有做好的事情，只為了向上呈報整個部門是有進度的，這種粉飾太平的做法，其實是在傷害公司。所以，你是一位爛主管。」

聽後我好震撼，一直以來，我以為部門主管應該是協助每一位同仁將他們的事情做好，但事實上，應該是他們自己就要有把事情做好的能力，如此部門主管才有時間帶著部門往前，部門主管的任務應該是承接整個部門績效、明確有效管理部門工作與發展，可是當部門主管承擔、執行大多數部門同仁的工作，而同仁們的績效表現不彰，這代表著從部門主管開始就有問題，因此，你是一位爛主管，沒有落實管理的責任、實踐管理該有的績效。

那一天，我心情相當沉重，走在路上一直思考著怎麼會成為爛主管。

管理必須清楚對與錯的關係。**失敗者喜愛將問題究責在過去、外在環境、市場的限制。**因為對他們來說，能為他們而繞轉的世界才正常，所以非為他而轉的世界不為他所能容忍，因此失敗者常常與外界格格不入，不論是心態、行為甚至是態度。

比方說，失敗者會抱怨過去的環境造成現在的種種、現在的種種限制了他未來各種可能。但拘泥於過去的人，只會讓自己的未來跟過去一樣的糟糕。畢竟，未來不會因為他對過去的抱怨而有所轉變。

做對的事情，從當下、現在開始，從立刻能著眼之點思考如何走向下一個未來，藉由過去的經驗，告訴自己如何避開風險、理智，面對下一個可能再次發生的挑戰與艱難，那才有可能脫離失敗的輪迴。

話說的很好聽，做起來看似又容易，聽起來也不複雜，可是又有多少人真能放下過去，聚焦當下，放眼未來。以前一位CEO很有感觸的跟我分享他一路走來的觀察。

過去沒有錯，錯的是看待過去的心態是否健康、正常。過去是經驗、是教訓、一段學習成長不可或缺的必然。

總經理曾說：「很多人都是當了主管之後，才學做主管。」他用這一句話，試圖點出台灣多數職場經理人其實不具備管理能力，對管理一竅不通。僅用土法煉鋼，邊做邊學，能否有效發揮主管功能，實在有待討論。

起先，我認同他提出的論點，因為從管理實務看到的現象，透過他的解釋倒也沒錯。回顧自己成為主管的過程，並非在制度、專業達到某種成熟的水平才成為主管。可能在某些時候公司覺得需要，找不到理想候選人，要不然就是沒人想跳坑，有個傻子點頭就成了主管。

隨著年紀稍長，見識越多，漸漸有種「上了年紀的主管真能訓練？」的疑問。充滿主觀刻板印象的專業經理人們，正靠著這些過去累積下來的框架，才有今日的成就。要他們改變，透過組織學習或是訓練，真能提升他們的管理能力嗎？管理學相對實務面遇到的多元狀況，似乎稍嫌空泛。不具備管理能力的主管越來越多，可是在這資訊複雜的年代，過去刻板的管理理論，真能帶出一位夠格的主管，並領導團隊嗎？我身邊看到的這些高階經理人們，幾乎少有受過正統管理訓練的人。

主管是一輩子的課題，唯有不停學習改進。人生和工作一樣，就是這樣得持續測試與優化。

擔任高階經理人十多年的朋友埋怨：「寧可做執行層的職員，也不願做主管。平常會議滿滿，又一堆事情待辦，還要管理複雜的人事，有些人不是幾句話就說得動。每天會議後得在公司熬到半夜再做事，被人怨只出一張嘴，誰當主管

解決問題的關鍵，
不在工具、方法、技巧，而是人性。

誰倒楣。」在職場中常常見到這類情境，資深總經理（MD）跟我說：「主管就是用來被員工罵，他們需要一個標靶，可以集中火力發射的方向，盡量讓他們罵，至少他們會團結一致的朝同個地方砲擊，往正面想，你能令他們放下分歧，暫時聯手對付你。」

成為主管並不悲哀，悲哀的是人們多數陷入情緒泥沼，無法理智對待。

有一位執行長分享：「成為主管後，脾氣不好的通常會變好，而脾氣好的會變差。」似乎，選擇擔任主管這角色後，陪伴的是沮喪與無力，少有什麼好差事，跟我過去印象中的主管有些不同。我是員工時，常會想：「當主管真好，只要出一張嘴，感覺也不用做太多事，整天只需開開會，要別人做東做西，然後自己不用動手做，好像只需要會動口就可以當主管，好爽的職務，誰來做都可以吧。甚至想對部屬發脾氣或是謾罵，都可以自由隨意的做，公司沒人攔得住他。」所謂的事實，從不同的立場去解讀，不同身分的人各自都有不同的觀點和感受。

在一個高階經理人餐會上，朋友說：「做主管好累，要是可以的話，寧可回頭乖乖做些執行工作，每天只要聽命行事，依老闆命令前進，不用去想太複雜的問題，僅需把自己份內工作做完即可。不需要去考量誰的利益會相互牴觸，也不需要煩惱公司制定的不合理目標要怎麼達成，更不用煩惱聘雇跟解雇等麻煩事，尤其員工面談要聽一堆他們不滿的心聲，聽完後，只能拍拍他們的肩膀希望繼續加油，然後自己默默消化所有的負面能量。」語畢，很多人苦笑默默點頭。

成為主管不代表兼負更大責任，而是跨入另一個領域的磨練。

每個職場工作者都有機會擔任主管一職，要或不要端看個人。我認為，能成為主管，至少可以藉這機會修煉心性，甚至培養自己領導與統御的能力。說起來容易，做起來難，也因為如此，身為主管永遠要抱持著虛懷若谷的心。

主管不是權力的加冕，而是責任的擔當。
主管不是能力的認同，而是領導的挑戰。
主管不是職稱的提升，而是當責的義務。

我第一次升任主管時，被員工當面嘲笑：「你到底在說什麼？我聽不懂你想表達的，不要以為老闆覺得你行，我就要照你的意思去做。表達能力先學好再來講。」被同部門的部屬罵過後，令我難過許久，為此自己去學習不少溝通表達的技巧。又一次擔當事業部門主管，老闆曾罵我：「你管理一個事業，連成本跟利潤的概念都不懂，你當什麼屁主管。只會做一些沒有產值的事情，這個事業怎麼讓你帶著走？你還是不要做主管了。」這事之後，我請教身邊許多親戚與長輩，了解經營事業的概念。

其中，最讓人打擊的是：「你以為當了主管我就要幫你做事嗎？老闆認你做主管，不代表我認，你的事情休想要我幫你做。你要不爽？把我開除吧，我不接受你做這個部門的主管，你不夠格，老闆想這麼做是他的事情，但你要當我的主管，這輩子是不可能了。」一如他所說的，他接下來沒有幫我做任何事情，讓我要進行的專案開天窗。老闆得知之後，沒有責備他，反倒回來罵我，怒斥：「你當主管就是要能管理好同仁，他們不願意配合你就得想辦法，找出方法來改善問題，不是就放任讓他們不做！」

有次我帶領十二人團隊，負責業務跟行銷，執行長找我們開會時，同事們當著執行長的面說：「他要我們做一堆事情，這些事情都沒有意義，做不出結果。卻叫我們反覆的做，然後做不出成績，再來給我們壓力，我們討論過後覺得他不是夠格的主管。」聽同仁這麼說，當下心好痛，眼睜睜被背叛。一百八十多個日子歷歷在目，彼此之間的往來與互動，都是經過討論與協商，卻換來同仁們的反目成仇。執行長說：「既然這樣，從今天起，他不再是你們的主管，由我直接管理。」那一晚我的世界徹底崩壞。人在街頭，不知該往哪兒去，人生墜落到最深的谷底。每天熬夜加班，將他們從完全外行的菜鳥，變成有模有樣的業務，卻落得如此不堪的下場。

邁向主管的必經之路，勢必遭遇同仁們的不信任、不了解、不認同。

有時，不是能力專業不足，是彼此相處的習慣沒有上軌道。
有時，不是對他們不夠好，是大家想要的沒能找到交集處。
有時，不是沒有制度方法，是同事覺得自己的那一套才對。
有時，不是待人處世問題，是在錯的時間錯的狀態下發生。
有時，不是老闆放不放權，是大家還沒有準備好要接受你。

擔任主管，不需了不起的專業能力或經驗，更不用高深莫測的管理技巧，而是要知道怎麼帶領同仁們往目標方向前進。即使一路上沒人認同，不管遭遇多大

當你越追求頭銜職稱上的滿足，
就越容易被人誘惑和利用。

阻礙與挑戰，毋需畏懼，堅定信念穩步邁進。好比先前提到的幾個例子，身為主管不論做什麼，肯定招人閒言閒語。**主管跟同仁間的立場不一定一致或相同，只要自己清楚且相信該往哪兒走，專注解決手上的難題，一步一腳印，一點一滴克服，終究有一天會出現願意挺你、支持你、協助你的同伴。**那時，不論你是否準備好要做一個主管，你必然成為一位他們願意跟隨，為之奮鬥，值得信賴的主管。

身為主管，永遠都在準備，沒有準備好的一天。

紀香語錄：

工作表現或績效，不一定跟付出的時間成正相關，但是不付出時間的話，那肯定跟自己所期待的好事都無關。與其去期待天外飛來的驚喜，倒不如付出時間，一點一滴的去耕耘那塊能夠收穫的田。

part 4

不斷學習，能順勢

沒有完美決策，但有最適方案

01 不懂要學，而不是裝懂

「我沒做過，誰知怎麼做才對！沒經驗就是來這上班學習！為什麼我做不好，你也要罵？如果我懂，卻沒做好，你要罵我，我沒意見。但我不會也沒經驗，你又沒認真好好教，應該說沒資格罵我吧！」我憤怒地向主管回嘴，前個小時，因為一個提案沒寫好被客戶回絕，而主管非常氣憤跑來找我理論，問我為何提案裡很多東西寫得不清不楚，且未經主管確認，就擅自把提案先寄給客戶，忽略最重要的內部審核程序。

主管聽了我的憤怒宣言後，更加火爆回罵：「做事用腦袋！不會做就問，不要裝懂，不是看著別人做的事情依樣畫葫蘆就對！你自己都講沒經驗，又為何我還沒確認過的提案就擅自提供給客戶！你犯下大錯，不懂嗎？」我心有不滿的說：「寫提案的時候，你又沒有教我。我看別人寫過的案子照著寫，這樣不對嗎？至少我認真的想把事情做好！我主動問你好幾次有沒有空看我寫的提案，你一直說很忙，客戶又直接打電話來問！被問急了就直接寄出給客戶，一樣為公司想啊！」

這類場景，常發生在我工作中，彷彿活在錯誤的世界走不出來。

某日，總經理把我跟主管叫去他的辦公室，要我倆好好談。公司同事都知道我跟主管已水火不容，我的爛脾氣早為人所知，沒人喜歡跟我工作。我活在自大驕傲唯我獨尊的世界之中，幾乎聽不進別人所說。總經理藉機試圖跟我們兩個人談，辦公室裡氣氛凝重，沒人要說話。總經理先打破沉默說：「兩個都有錯，同意嗎？」我像個幼稚頑皮的孩子，不講話而不停搖頭，表達不認同。主管說：「我無法跟這人共事。不懂裝懂，太糟糕，只會造成公司損耗。」聽到他這麼說，我脾氣上來正想回嗆。

總經理開口了：「你身為主管，有好好指導同事嗎？」主管立刻回：「我沒辦法指導他，他是個自大又自我的人，沒有學習能力，只在乎自己想做的事，非常不合群。」我二話不說，回嗆：「你從沒教過我，虧你還說要帶部門，什麼都不懂，誰能向你學？你就是個占著茅坑不拉屎的主管，帶不動人還怪別人不好，先好好檢討自己吧。」總經理眼看兩人又快吵起來，出面要求雙方冷靜，別再繼續鬥嘴。

那天，是我此生感受時間最漫長，難熬又折磨的一天。

總經理說：「跟兩位分享些過去在職場中所遭遇的事情，你們兩位姑且聽聽吧。」場面吵得有點僵，彼此又不願意溝通，而總經理跳出來說話，沒啥理由不賣他面子。於是兩人沒再火爆對嗆下去，反倒聽起總經理分享個人經驗。總經理說：「剛畢業時，我什麼都不會，只知幹業務好像能有較多收入。但我溝通能力不好，對人又怕生，選這工作時，家人擔心死了。別說家人，連我自己都充滿著猶豫，很害怕走錯行就回不了頭。另外，我才高職畢業，頂多就是懂些機械工廠的事情，哪來什麼值得誇口的銷售技巧，能有人願意請我就很偷笑。」

「一九八五年，千辛萬苦得到一份汽車銷售業務的職務。在當時，這可是件大事，至少對我們家人跟親戚而言，要進這公司並不容易！」總經理滿是驕傲的說著。他接著說：「我看著報紙徵人啟事，用筆框下這工作，告訴自己一定要上，即使什麼都不會，能先進去比較重要。」「只不過，進去後我才發現這份工作跟我想的不同。裡面的每個業務，都很會搶客戶，只要有客人進來，老鳥規定菜鳥只能在後方倒茶或是提供書報，其他事情都不可以做。我一整個月業績掛蛋，連續三個月沒有成交，甚至被店長警告。」

我率先發問：「你又沒錯！是他們不給你機會，老鳥不給你機會去接觸客戶，店長憑什麼罵你，神經病！」總經理微微笑說：「你這種態度，第一天就會被趕出去了啦！」我抿著嘴，有點不服氣。總經理再說：「你說的沒錯，老鳥不給我機會去銷售，造成我沒有業績，我在這三個月挨的罵更沒少過，那種心情，你應該很懂吧。」我點頭如搗蒜，總經理講的沒錯。「所以，我有一次看到客戶上門，老鳥們都在抽煙聊天，我第一時間就向前服務客戶，下場卻是非常糟糕。」主管他開口了，他問：「怎麼了？發生什麼事情？」

「客戶罵我不夠專業，對車子規格與配備不是很熟悉，很多東西都沒弄清楚。當下，客戶憤怒離開，想當然的等在後面的就是一頓修理。而這修理，可是我真正被老鳥們拖到廁所，狠狠猛揍一頓啊！」總經理尷尬的說。主管又問：「憑什麼他們要修理你？他們沒有做好該做的責任啊！老手帶新手，天經地義！」總經理有點不好意思的說：「我自己也不夠認真啦，都三個月過去，沒有主動去問老鳥，反倒都希望他們主動來關心我，可是他們顧上門的客戶都來不及了，哪有時間管我。我自己不爭氣，沒有藉著三個月的時間把這些搞懂，被打活該啦。」

我搖搖頭，感覺總經理太軟弱，忍不住說：「他們應該要扮演好自己的角色，總不可能期望你天生就能把事情做好，你已經很認真了！」總經理沒搭著我的話，他繼續說下去：「店長看到我鼻青臉腫的模樣，他問了問我跟老鳥們，沒做什麼處置，只是強調：『你再沒有業績，就回家吃自己的吧。』聽到他這麼說，我心裡好難過。我以為店長會安慰一下，並且給那些老鳥教訓，沒想到反過頭來還是警告我，這讓我心裡好難受，無法理解！」主管跳出來：「那是店長不長眼，老鳥夥同店長欺負你啦，本來就沒把你帶好，還算在你頭上，這都是他們的問題！」

總經理突然話鋒一轉，他問主管：「請注意你剛剛說的，想想有沒有道理。老鳥沒有把我帶好，卻反倒算在菜鳥的我身上，是不是你跟部屬之間發生的狀況很相似？」主管聽了後一驚，沒再繼續說下去。總經理笑了笑，他再說：「有天，一位老鳥把他叫到辦公室裡，主動跟他說：『眼睛放亮一點啦，沒人教你做，不代表你不能在旁邊偷學。別人告訴你不能接觸客戶，不代表在旁邊倒茶的你不可以學別人怎麼跟客戶溝通，傻傻的沒前途。』我聽了老鳥這麼說，這才意會到好像我自己錯過了些什麼！」總經理有點懊惱。

「某天，店長把我叫去，我們到外面餐廳邊吃邊聊。」總經理向我們說著店長找他談的內容。店長說：「每位來這做業務的，都一樣啦，都是從菜鳥做起，我們屬營業單位，開門就是做生意，沒很多時間教你。別人不讓你去接觸客戶，是怕你講錯話，這些老鳥都在保護你跟這間營業所。你真的是很笨，想想看，那次你沒準備好，被客戶罵只換來一頓痛毆。可是對整間營業所來講，卻會失去這客戶跟他身邊朋友的好感，不清楚這影響有多大嗎？」總經理回：「當下我無地自容，我以為他們不教我，其實是我太嫩太菜沒貢獻，沒有搞懂發生什麼事情。」總經理看看我。

「**對你來講是在學習，對別人來說是在做生意。你的每一秒鐘對你而言都是成長機會，可是對方的每一秒鐘都有業績成交壓力，你可以慢慢學習成長，但別人可是要顧家顧飯碗。**你能搞清楚兩者間立場不同的差異嗎？」總經理問我。我安靜的沈默不語，大概知道總經理的意思。「我們都很喜歡世界要以自我為中心繞轉，不過很多時候就是彼此找出路、找活路，靠著自己，順藤摸瓜去探索，沒人知道正確答案是什麼，但往往最接近正確答案的就是身邊的人。你覺得主管沒有教你就算了，但你不覺得向主管學習，好好的從旁偷學也是種方法嗎？」

「另外，身為主管本當就得知道哪些該做、那些不該做。不用跟部屬爭那口

職場前輩有豐富的社會歷練，
對人對事態度成熟，是有價值的工作者。

氣，爭贏了又怎麼樣？爭輸了難道就要有人走？事情這麼做能順嗎？我們彼此都有數不盡的缺陷，懂得包容，才能欣賞到別人的優點，才能合作發揮力量。」

「一如我看到老鳥們為了這份飯碗所耗費的心思，我卻傻傻的自以為是他們不給我機會，不願讓我接觸客戶，事實卻是我還沒有準備好，還沒有把基礎打好，反倒可能影響整個團隊與客戶印象，這麼小的事情我竟然沒弄懂，還害了客戶不滿的離去，這對整個團隊的傷害更大！」總經理帶點情緒的說著，我們無言以對，但內心原本莫名的怒火全都消了。

人生無所不學，無處不學，無時不學，萬物皆可學。

紀香語錄：

如果你正在埋怨身邊沒人伸出手來幫你，請先問自己有沒有先把手伸出去請人幫助。你什麼都不做，又怎麼期望別人會心靈感應到你需要被幫助？

---

02 解決問題的唯一辦法

同事曾問我：「你以前沒有開發過這類產品，也沒有相關經驗，但你怎麼會知道該做什麼？你又是怎麼清楚知道做此產品得做哪些事情？」那晚，他問我好多問題，還來不及回他，他又說：「看你一派輕鬆，可是做起來很清楚知道要做什麼，該往哪去，真的很佩服你，很聰明。」

「我並不聰明，只知道自己夠笨，得花不少心思學習。」我回他。我跟他分享過去經驗，以前，在專案公司，每天接各式各樣不同的案子，客戶需求不同，每一次接到新的案子就像是人生重啟一樣，處理的經驗難以複製，只好硬著頭皮去想像、去想辦法、去試圖解決。他問我：「你怎麼做到的？」我抓抓頭皮回他：「硬幹。」他很驚訝：「什麼!?硬幹？怎麼說？」我回他：「不懂就想辦法弄懂，不會就自己去學會！」他很好奇，他想聽聽看我是怎麼硬幹出來的，又是怎麼去找出毫無頭緒的解決對策。

「有一次，客戶的案子要求我們先提出系統架構圖，但公司沒有人手，而技術人員手上全排滿工作，硬要他們去想系統架構圖根本不可能。難過的是，這種東西又不可能外發出去，所以只好自己去學。」同事聽到，問我怎麼學。「Google 是學習的好朋友。那時候我不懂，上網去查 Google 系統架構圖，找到一大堆圖片，然後又去讀了 Wiki，看到很多系統架構應該要製作的文件，就這樣按圖索驥，我一點一點拼出系統架構圖該要有的資訊。」

「你後來拼出了什麼？你怎麼知道自己做的是對的？」他好奇問我。我分享了自己解決問題的經驗，當我發現客戶的需求相對複雜，又從查到的資訊裡得知，系統架構設計裡的資料庫結構在一開始很重要，所以我花費許多心思研究資料庫結構。如果資料庫結構沒設計好，之後在資料提取、搜尋、存入，都會有很多問題與麻煩，嚴重影響到系統效能，所以，我看了很多網路上別人畫的 DB Schema，畫了一張又一張，耗上三天時間，不知道翻了多少本書，最後畫出連公司內部技術人員都認同理解的資料庫架構圖。另外，藉這機會我自己安裝資料庫，真正試著體驗操作資料庫的感覺。

但客戶要求又不是資料庫架構，而是要系統架構，因此，我又還得用掉不少時間去了解系統設計文件應該怎麼做，每個欄位的格式怎麼設定，欄位裡的數字與文字資訊代表什麼，接著就開始設計製作 UML（Unified Modeling Language）。我不確定這樣做對不對，但我去詢問技術人員，他們說有這種文件會讓開發更清楚，因此我就貿然做了。

同事問我：「可是你不怕做錯嗎？」我反問他：「**我即便做錯，至少別人看了也有可能看出一些頭緒，並指出我哪邊有機會做對不是嗎？如果我什麼都沒做，大家就完全沒有參考的資料了。**」

「看似好像做完 UML 就差不多，但越跟客戶討論，發現有太多需求難以在三言兩語之間弄清楚。公司的技術人員也想辦法深度去理解與研究客戶期望的產品是什麼，於是我又去研究所謂的系統設計。」同事提到：「你怎麼可能會系統設計？你又不是寫程式技術的人，你的系統設計應該問題不少吧？」是的，他說的沒錯，我不會寫程式，也不知道系統設計該怎麼做，可是問題擺在眼前，只要沒有人把客戶需求化為具體文件，產品就難以被實現。不論如何，就是得要有人做，我選擇嘗試盡力去做。

起先我翻了系統設計的書，讀了幾本程式語言設計的書，大概理解所謂系統設計應該要抓到的重點。但書看再多沒有實作，還是難以領悟。因此我將過去所

解決問題，先從自己不要成為問題開始。

做的文件整理起來，開始劃分出產品應該會組合的所有成果，寫出一份簡單的功能說明書。當說明書寫完之後，我就開始畫系統流程圖，將每一個功能的關係與順序畫出來，以及到哪個階段需要進入判斷、哪個階段要寫入或讀出資料、哪個階段開始要走迴圈，將各個功能寫出來、畫出來、設計出來。

同事問我花了多久時間，我回他：「每一個下班後的晚上，每一週的週末以及所有我能用的空檔。」他驚訝地看著我，問我：「為什麼要做到這樣？」我說：「**不懂就學到懂，要學到懂的唯一關鍵就是親自下去做，做的夠多自然就會。**即使我們服務的客戶，過去沒有相關開發經驗，但是不代表不能從今天開始有經驗。團隊沒有人有時間，那就我花時間，如果有人可以花比我更短的時間做得比我更好，當然我就不需要做這些事情，但是就現況來看並不可能，因此我只好去做，也因為做了之後，我就把經驗累積起來了。」

我跟同事說：「專案公司帶給我最大的收穫，就是每次都在工作中重新開機。每個新的案件，都是一次新挑戰！我的經驗可以累積，但思考事情的方向與處理的方法，每個專案都是新方向，也多虧那段時間的磨練，讓我知道不懂就要去花時間翻資料、找資料，即使得看英文技術文件，看的很痛苦還是得看。因為，那是提昇自己唯一的方法，也是面對未知產品與問題的唯一解法。不做不會知道，做了就會慢慢知道。」他還是有些不解，問我：「但你不覺得那些工作不應該是你的嗎？」

「**是，我知道那些是別人的工作，但如果我主動去做，就變成我的工作，變成我的一部分，知識變得更飽滿更豐富，有什麼不好？**當自己面對問題的時候都可以輕鬆應對，這種感覺不是很好嗎？」「再舉個例子，當初我們在做劃位系統時，我們會遇到多個使用者可能在同一時間選擇同一個位置，當他們選擇後，只要還沒有結帳，那位置到底是給先選到的人用，還是先結帳的人用？問題又可以延伸成為如果人們都恰巧在同一時間真的結帳，那位置到底應該留給誰？再把這假設擴大到同一毫秒面臨數十萬人連線，取得同一個位置，那怎麼辦？」同事想一想，他回我：「就用排隊的方式吧！」

我當時的想法也是這樣，但問題是排隊怎麼排？排隊的規則是什麼？真正問題卻不一定在這。當時技術人員只告訴我要去了解什麼叫做資料庫競賽，同時間資料大量寫入時，資料寫入的順序跟方法要被定義好，不然可能就會發生沒有要劃位的人佔住位置，而真正想要那位置的人卻取不到。人少還好，同時間大量的人做同樣事情，就有很多地方得設計清楚，不然最後這套系統誰都服務不了。大量連線之下，瓶頸出現在某個服務上，整個系統就死在那。我跑去買了本資料庫的書來看，看了很久都看不懂，但是至少已有些概念，我接下來是向外求援。

那時候我在網路上，透過討論區去問一些技術達人，問他們在遇到大量同時間寫入資料時，有些什麼處理方法。從討論區上看到大家你一言我一語的，收穫很多，我將那些別人回覆我的答案，整理成一份資訊索引，提供我去研究書裡面有哪些單元可以去解釋他們所提到的現象。雖然，最後我並沒有真正找出最佳的答案，但公司的技術人員卻藉此想到更適合的作法，啟發他對於處理這件事情的靈感。

我們每天都在面對未知事物，問題在於面對未知事物的時候，用何種心態去面對。**不要因為不懂就害怕去學習，反而要因為有機會去學習而感到興奮。這是墊高人生競爭門檻的機會，只有透過那些人們不懂的事物來提昇自己，才有機會令自己比別人還要走得更遠更久。**唯有攝取大量過去沒有過的知識與經驗，透過學習與嘗試之後，獲得更多不同的新技能，進而累積出相關的經驗，問題才能夠被一一化解。我不害怕學習，我只害怕自己學習的速度不夠快，無法反應到我的人生需求裡。

最後同事又問我：「這次開發的產品，專案很大，你又是怎麼看待？」我說：「你看看我的桌上，看看公司的書架上，有沒有發現一堆沒看過的外文書？」他回我：「有，我不知道那是誰帶來的，也不知道為什麼這些書會在書架上。」我回他：「這就是我的答案。那些書是我在做這專案時所買的，當我發現這產品在台灣沒有什麼經驗可以參考，我耗了很多時間在網路上查詢資料，查到有好幾本書可以看，所以從國外把書買回來。不知道花了多長的時間去讀那些書，很難懂，真的很不容易理解與消化，可是我至少看過，知道方向跟概念。」

接下來，我就只要依照書裡面的一部分資訊，像是過去一樣按圖索驥，一點一滴去拼湊出我想要的東西，也能夠當成驅動團隊前進的燃料，順著就是開始看團隊的發展狀況，逐步改善我們開發的狀態與步伐。過程中，有人問我為什麼沒有經驗卻還能繼續做，那是因為我清楚每一天我都會堅守崗位，了解自己所做的事情，持續學習與精進，想盡辦法將不懂的弄到懂，不會的學到會，從一百個問題裡面，每天知道一個問題的答案，可能幾天之後就會變成兩個、三個，也許不到兩個月，一百個問題就被解開來了。

不懂就學到懂，即使不是份內的工作，
學會解決問題時，知識就變成你的了。

解決問題的唯一辦法，就是把每個問題當課題，認真學習與處理，問題自然就不再是問題，而是訓練自己與團隊成長的動力，歷練過後，淬煉出來的成果，將會替我們築建出一道別人難以與我們競爭的門檻。

紀香語錄：

有些事情不當下做完，每延遲一天去做，完成的機率就相對大幅降低，完成的難度則以等比級數的方式快速成長。直到有一天，根本忘記這件事情，這下再也完成不了了。

03 成為開創性人才，首重突破限制框架

午後，一位穿著正式，充滿年輕朝氣的男子走進辦公室。在他還沒有開口之前，整個人已經散發著一種因專業而來的自信光彩。在他坐下來進行面試之前，手上筆記型電腦很順手的拿出來，面試尚未開始，他妥善運用時間，處理著自己的事情。

開始面試時，在筆記型電腦螢幕的背後，他談論著自身的專業與技能，說著他曾經參與過的案子，還有那些輝煌的戰績。聽到此，我心裡打量著：好一位優秀的人才，在各方面表現上，都展現出相當不錯的條件。但，到底又是什麼原因令他想要換工作呢？這個疑問，似乎成為了我一開始最在意之事。

仔細一看他的過去資歷，不難發現效力過的公司都還算是知名，甚至規模可都還不小，而擔當的職務都是中高階主管居多，看來是一位相當優秀又專業的企業人士，甚至可以說是精英。

但，我心裡不解，就他過去輝煌的紀錄，應該不至於選擇到這邊來面試，肯

定是看上了些什麼值得重視之處才來。因此，我開始將這些打從心底來的問題向他提出。

「請問，來之前看過我們公司在做什麼，以及具體服務項目是什麼嗎？」他回：「其實我不是很清楚，也沒有看過，但大概知道貴公司是什麼類型的公司。」

我又問：「那你來應徵的職務清楚嗎？」他說：「我知道，行銷企畫的主管職。」

我接著問：「那你可以描述一下，你心中認知這份工作的看法嗎？」他想了想，回著：「大概就跟求才網站上刊登的一樣吧，就一般行銷企畫主管該做的那些事情。」我心中帶點猶豫，對於他的回答產生更多疑問，於是，我問了個直接關於他的問題。

「請問，你最想從事什麼工作？什麼職務？在你的想像中，那工作是一個什麼樣的情境？可否描述一下。」我翻著他履歷表裡寫下來的三個期望職務，他一五一十的照著他書面所寫的講。我又再次問他：「請你提一個你最想做的。」他又把三項期望職務再解釋一次。

我提到：「這三個工作面向不同、屬性不同、內容不同、責任也不同。你在這三種工作之中，最想從事以及你認為最能夠做出成果、成就的工作，沒有辦法從中選擇出一個嗎？」他頓了一下，回我：「我三個都能做。」

問題在這打轉了一下，我開始請他說明關於這幾份工作的內容，是否可以清楚描述完整？他細數著過去工作資歷，將這些工作講得非常好，聽得令我都為之著迷，隨著我越來越欣賞他在那些工作中所有的表現，我越是好奇到底他為什麼會選擇離開？而又是為什麼做這些工作的時間都不長？

他一一的回答了每份工作轉換時的理由與心境，從某種角度來講，大致上他說的我可以理解，畢竟外在環境帶來的影響，遠遠高過於內在轉化的提升與應對。因此，只要在結構環境下，如果他無法造成某種程度的外部影響，以他優秀的條件，想要選擇下一個舞臺倒也不是難事。換工作，會是他容易的選擇。

有件事情令我很在意。他上一份工作，身兼要職，主要經手了一個產品的開發，而這產品在他的主導與帶領，各方條件逐一滿足下，終於將產品開發完畢，他非常看好這產品的市場性，甚至我提出一些條件嚴苛的市場狀態隨性發問時，他都表現的瀟灑自然，每個問題回答的游刃有餘。

因為先前提的許多問題，我逐漸串連起來，並導向整合至最後一個疑問，也

不要讓自己活在充滿藉口的世界裡。

是我認為最關鍵的問題，可是他卻沒給我一個滿意的答案。那就是如果過去工作環境都那麼好，機會也掌握很多在手上，身兼重任的他備受老闆重視，在應對進退上有其技巧，又到底是什麼理由驅使他在如此好的氛圍下，選擇不去克服障礙而是離開？這背後一定有什麼我沒摸透的原因。

我再次的把問題釐清一次，我問他：「該產品都如你所規劃的那麼好，市場進入方式也都了解，在沒有行銷預算的操作方法情況下，你也有明確合乎邏輯的看法，但沒有推出的理由，卻是因為公司最高主管認為該產品可能會跟日後自家合作的專案打對臺，為此公司得停掉這已經耗費千萬開發的產品，難道你不覺得可惜嗎？」

他嘆了口氣說：「可惜啊，但又能怎麼樣？公司老闆不願意讓產品出去，那又能奈他何。」

我大膽問他一個假設性的問題，說到：「如果你都認為這產品這麼優秀，又有市場性，甚至能經得起考驗，更甚者，你覺得產品不會成為公司專案的競爭專案或造成市場被分裂，反而還能夠因此帶起公司競爭專案的相對市場，可否想像一下，在眾多艱困的條件都已經被滿足，那要怎麼突破你現在的窘境？」

「老闆就是不願意，我又能說什麼？」他帶點沮喪的口氣回答。我提醒他必須突破自我思維的框架，跳脫外部環境的限制。

假設讓你來處理，你會怎麼做？比方說，能不能強迫讓產品上線，並且在毫無支援的狀況下，如你所說的做出其相對市場與規模，用自己的方式去推動這產品，直到你證明在最低、最差的資源規格下，你依舊能將這產品推出去？

「我沒辦法越過老闆去做這件事情，而我也沒辦法跟他溝通這件事情，老闆已經有既定的盤算跟考量，我想我能做的，就是盡力在內部讓他知道這是個好產品，是大多數人都會想用、想要使用的產品。」

我直接切入問：「但，那是你一廂情願的想法，產品還是沒有進入市場，你無法驗證你所說的，你也無法證明你的計畫是真實的，你又怎麼能確定這麼做能夠影響老闆？而在眾多的可能性裡，你認為能夠改變這件事情的最大關鍵要素又是什麼？」

我們必須一個問題接著一個問題的思考下去，因為他應徵的是一位「市場開創性質管理職」，必然的在職場上會遇到許多不同類型的問題與困難，有時候，這些問題甚至是內部人員所造成的，尤其當內部形成瓶頸的時候，那「瓶頸管理」

一件事做多了、做久了，
菜鳥也會變達人，達人又會變神人。

對策又是什麼？這些事顯得格外重要。

不能夠因為某些特定的事物或項目，阻礙了發展的既定方向，將那些過去投入過的資源、心力付諸流水，尤其，主管要對自己展現出來的成果負責，未來迎向市場產生的諸多問題扛起來解決，那絕對不是一句「受限於老闆而無法做」，就可以被打發帶過。

他從一開始展現出來的氣勢，隨著我切入角度越是犀利，他的眼神變得越是單純、簡單、可能還帶點青澀。他說：「我有能力將產品做出來，也能將產品推到市場去，但現在這產品很不幸的沒有到市場，這點也是離開公司的一大理由，要是這產品能進入市場，壓根不會想到要離開公司。」

我最後帶點暗示的語氣，與他分享到：「我們常常受外界環境影響，假如你是一位身負重任的人，又被賦予大任要完成如此重要的產品，如果，今天產品還沒完成就算了，但一個已經完成的產品，卻無法進入市場散發出光芒，不是一件很可惜的事情嗎？」

我更可以說：「你喜歡那公司、重視那公司，你並不想離開那公司，那何不將這些造成你困擾、阻礙不前的理由轉換一下，把問題變成自己突破限制的契機，將大多數人遇到問題選擇的逃避心態，積極變成面對處理的挑戰，可替自己帶來更高格局與眼界的機會，這樣不好嗎？」

他回我：「尊重公司的決定，依循公司的制度與方法，即便公司本身屹立不搖，有著豐富雄厚的背景，還有許多朋友與客戶的支持，但是老闆一天沒點頭，產品就一天不會上線，不論這產品再優秀、再完整、再怎麼樣經得起市場考驗，全都是老闆做決定，最終我還是沒有決定權。」

我聽了後，帶點無奈但卻又那麼有點惺惺相惜的感覺。我想，當人們如果遇到困難時連想突破的慾望都沒有，服膺於陳窠舊律的框架而放棄爭取，那終究帶往人們到終點的旅程不會有所改變。

制度，必須被尊重；規則，必須被依循；階級，必須被認可，但我認為，相對於現有的環境之下，眾多既定因素所造成的結構限制，有一點觀念很重要：如果人們不偶而打破現況，打開窗戶，又怎麼能看到不同的世界或窗外的景色？**有時「勇敢」提案，是很重要的能力。運用想像力，去思考那些曾經的不可能，試著將其變成可能，事情才有機會變得無所不能。**

堅信自己無庸置疑，挑戰自己無畏無懼，證明自己無所不能。**在職場上，勇**

換個角度思考，世界大不相同，
機會從中而生。

敢是一種很重要的成功特質，向上級提出諫言，把被冷凍的好方案爭取活化的機會，從垂直的管理轉變為橫向的互助，結果會比帶著失落感換工作、帶著抱怨心跳槽來得更好。職場上我們終究是靠自己運用想像、實踐想像，才能打開各種框架的門扇，這把鑰匙一直都在你的手中，端看你敢不敢用。

紀香語錄：

對創業家殘酷或冷漠的不是旁人的冷嘲熱諷，而是因偏離市場、無法進入市場，最後可能遭到淘汰的苦果。

04 想要在工作中尋開心，免了吧！

最近偶而會接到年輕工作者撥過來的電話，聊聊一些對工作的看法或是想法。大致上，會撥電話過來的朋友，不外乎就是對現況不是很滿意，用個籠統的歸納法，也就是「工作做得不開心」。因此想找人聊一聊，希望有人幫他做個現況的分析與整理。

我的回答沒什麼特殊之處，也是這幾年我唯一體悟最深的感受。工作，或許跟熱情有點掛勾，但絕對不是呈現正相關。而工作是不是要依循著興趣去做，從中再去找尋快樂，我個人認為快樂這檔事，還真勉強不來。不說別的，事情如果不是自己真心想做，也不認為跟自己有太大關係，那麼不論這事有多重要、影響有多少，都不可能投入熱情、做得開心。

領悟到工作跟開心、高興沒有太大關係後，那才是真正工作的開始。

過去，我總會認為薪資低、工作重、心情悶，但只要工作可以開心，什麼都好談。可是這麼多年工作下來，不難發現想要從工作中取得開心，唯一真正的可能，也許就是達成某件事情、完成某個成就，但這種開心卻稍縱即逝。開心、高興不過短暫一剎那，可是過程中的痛苦與難過，卻是持續不中斷。這也是為什麼，想在工作中尋開心，這件事情擺明就是自己討苦吃。我以為跟著興趣走，自然而然的開心也會跟著上來，事實上，當興趣變成工作的一部分時，那也不會是興趣了，那依舊只是工作之於生活的構成元素罷了，想要真正從興趣轉化成為開心，這條路太抽象、太模糊、太夢幻。畢竟，真正做自己有興趣的事情時，不代表開心就會存在。

興趣可以很多種，尋開心也是，沒理由非得跟工作綁定在一起。

後來看開了。與其去體會「苦中作樂」的藝術或技巧，倒不如認清現實，要苦就一直苦下去，可是苦的要有道理。因此，我稍微的轉換一下「尋開心」這一詞，變成「找樂子」。

工作沒有簡單的、工作沒有常常在那邊輕鬆愉快、工作更不可能什麼事情都不用耗盡心思，老天就自動送你大禮，讓你不痛不癢做到天荒地老。這種天方夜譚裡的故事，並不適用在現實世界之中。因此，**懂得去除本位立場，退去所有情緒的控制，讓自己投入一件事情變成「玩樂」的心態，相對比較正確。**

我喜歡跟朋友分享工作心得，釐清楚自己想要的是什麼。接下來，去想想看這工作之中，哪裡好玩、哪裡有趣。舉個例子來講，玩線上遊戲，重複的事情每天做，這真的好玩嗎？同樣的怪一直打，這真的有趣嗎？其實，仔細去想想，同樣的事情做久了，還真是會悶。即便如此，那又為什麼要這麼做？

因為目標與得到的成就夠明確，所有付出能夠看到可被轉化之成果。所以，即便同樣事情反覆做，做起來又無聊、又乏味，有時甚至還覺得沮喪、難過、痛苦，但我依舊會打開遊戲，同樣事情再來一輪。為的沒有別的，不過就是一個看得到，可以被期待的結果或成就在前方。找樂子，也就是從無聊、單純、重複的事情裡，找出有哪些好玩的元素，用著淘氣、調皮、冒險的觀點來應對，讓原本一件看來枯燥乏味的事情，一下子有了去做的意義。舉個例子來講，遊戲玩久後，同樣的動作反覆做，接著大家就會開始比誰快、比誰強、比誰最準之類的較勁。此時，樂子從中而生。

拿「惡靈古堡」這款遊戲來講，破關一次之後，玩家會想要拿到一些隱藏的寶物或武器，重新玩一次，此時可能難度從原本的 Normal 變成 Hard，甚至是 Extreme 等，每次玩的難度越高，越有挑戰性，樂子就越多。可是本質上來說，

有些事情你先擱著不做，
之後就再也不會做。

遊戲有什麼不同？基本上大同小異，只不過怪物變強了、武器變弱了、角色變得容易死。然後呢？全都破關之後，就沒有什麼樂子了吧？樂子，就是挑戰自己的極限，試圖去證明一些自身的能耐。

工作和打電玩相似，在過程中，做著同樣枯燥乏味之事，尋求突破極限、嘗試各種可能、挑戰自己。慢慢的，**一件事情做多了、做久了，從菜鳥也會變達人，從達人又會變神人。**變成遊戲排行榜裡被人膜拜的榜首，而身為榜首的玩家，得面對每天出現不同的玩家來上門踢館挑戰，樂子，又從中跑出來。通常職場上，我們把這種人當作是競爭對手，有競爭對手，事情才會變得好玩，不是嗎？好比小丑發現蝙蝠俠跟他屬同類型的人，小丑不想殺掉他，只因能取悅他的只有蝙蝠俠，留著蝙蝠俠活著，他的人生才變得完整，才得以有趣。

工作也不過如此，我們每天做著同樣的事情，如果都是用同樣的想法去面對所有的事情，那唯一會重複的，就是那個令人「苦悶」的過程或情緒。但，每一次做同樣的工作，都給予一些不一樣的好玩元素，試著在工作中找出一些樂子，也許結果不一定是自己想要的，但就像我同事分享的：「偶爾調皮搗蛋一下，看看不一樣的世界，也沒有什麼不好，對吧？」

我現在不論接到什麼樣的工作，幾乎也不太去想自己有沒有興趣，只會回頭去思考「這事好不好玩？這哪裡有趣？裡面有沒有什麼值得讓人去挑戰玩味的項目或元素，我可以拿到什麼樣的獎杯或獎項。其中又有誰會跟我競賽，有沒有機會跟那些商場老將、大將們一決高下。」

換個角度去思考，眼界與格局頓時間完全不一樣。

找樂子，比起尋開心要有趣多了，**找出工作中好玩之處，去鑽、去磨、去戳，或許那些過去始終遍尋不著的可能與機會，就藏在其中。**

紀香語錄：

大事在手，卻連基本小事都疏忽做不好，則一切枉然。

05 人們在乎的是你的能力，而非名片上的頭銜

出社會時，一股熱情跟企圖心，想爭取一個好看亮眼的職稱，成為眼前一大重要目標。那時候，從美術設計硬是要爭取成為視覺設計，再從視覺設計爭到藝術總監，如此循環著那幾年的職場人生。後來，轉戰企劃，同樣也是從企劃爭資深企劃，接著因為升遷又爭到事業總監，然後走向經營管理，一路以來，爭取一個好的頭銜，成為薪資之外的重要課題。

那時，我認為職稱代表一種認同，而這種認同帶來優越感，凸顯出自己在職場上的具體價值。也許別人看不懂你在做什麼，但聽到你是一位經理、協理或總監，甚至副總，那種應對之間的態度肯定是有所差異。就這麼一個念頭，執著好長一段時間，我很堅持在爭取職務上總是要求特別多，特別的不願意放過。

一位優秀的管理者曾這樣說：**「Title 是端看你能做到哪些事，而非拿了 Title 才去做那些事。」**

直到創業後，職稱是什麼感覺就沒有那麼強烈了，對我來說，大事小事什麼

鳥事都得做，即便掛一個高高的職稱，也不會特別顯示出什麼差異或優越感。因為對別人來講，我們不過是個新創小公司，是個有求於人，沒有主導權的公司。管你什麼職稱，在對方眼中，你不過就是個陌生人。雖然，也有人提到：「至少職稱好看，別人會多給你幾分尊重。」但真是如此嗎？

當你越追求職稱上的滿足，你就越容易被人利誘、利用。

因為，一個職稱背後代表的不只是表面上的意義，還有更多實際的責任得被實踐。比方說，可能會處理到公司帳務、核銷公司單據、應付別人不要的爛攤子、扛上責任後默默挨悶棍，也只能一吭不響的承受。這就所謂「職場政治」，當一個人越容易顯露自己對於某些事物的堅持或執著，相對就越輕易落入被人利用的窘境，尤其扛上該職稱的那刻起，面對許多事情不能輕易說不，在政治結構限制之下，碰滿鼻子灰也只能安靜閉嘴。

那陣子，硬吞各種苦頭，誰知道職稱背後，其隱藏意涵不完全是把工作做好，還有很多是面對該職務中所有的政治關係。特別是當掛上某職稱後，變成組織團體裡的明顯箭靶，人們一有機會就把矛頭指過來，如果此時心智不健康、不成熟，面對那一來一往的政治鬥爭，只會消磨一個人的耐心和鬥志。

失去了名聲，
有再好的能力與專業不過只是枉然。

「只是想把事情做好，難道不能單純一點嗎？」還記得曾說過這麼天真的話，用著幼稚的心靈面對那些問題與挑戰。或許你會說：「不需承接高階職務同樣也會面對公司政治鬥爭、明爭暗奪之事，不是嗎？」是的，可是完全不同的現實是，隨著位階站得越高，職稱掛得越大，這標的物就變得更明顯。特別是當團體組織內有所謂的既得利益糾紛時，一個插進來的高階職務，在這中間不管怎麼做，都考驗著相當程度的智慧。那時，我不僅是身體疲累，精神更累，周遊於不同的團體之間，每個人在乎之事都不對等，而人們總認為你應該靠向他們那邊，只要一有什麼閃失，後果可就難以預料。

你想要的，別人一樣會想要，對某些人來講，掛個好看的職稱是種權力。

幾年下來，隨著年紀增長，對於職稱這件事情的追求，已不再如過去那般在乎。終於在這麼多年學習之後，漸漸發現「**一個人的能力能做出什麼結果、得到什麼樣的成就，那他就值得那個稱呼，那個別人自動會給予的稱謂，不論是什麼，其代表的都是對方給予真正的尊重與在乎。**」尤其，現在從事講師、顧問一職，不論去到哪邊，名片上印的職稱也少有人注意，再者心中曾有過的優越感早就被消磨一空，僅剩下用心盡力表達自我的每一分每一秒。

終究，人們在乎的是你的表現、你的能力，而非完全是你名片上印的頭銜。

紀香語錄：

如果一份工作，你能做別人也能做，相互之間專業能力都差距不大，而你的競爭對手又比你還要積極用心，甚至是態度正向、應對自然，有什麼理由是我要選擇你而不選擇另一個人？

06 遠離這十件事，你就不是職場白目人

職場生涯講求個人專業，講求團隊合作，也時時刻刻都需要人際關係之間的和諧溝通，尤其隨著時代脈動、景氣循環和跨國際的市場侵襲，隨時求新、求變、靈活因應問題，成為很重要的職場生存力。無論是職場老手，還是社會新鮮人，都須謹記以下十項職場地雷，讓自己的扣分指數降至最低。

地雷一——遇到問題，不懂得伸手求救

小時候老師都會教我們不懂的時候要問，不會的時候要講。可是近幾年工作的感受是不少年輕上班族，不懂的時候不問、不會的時候不講，然後事情擺在原地，自以為會就這麼樣的應付過去。誇張一點的人，可能還會讓工作放在那邊爛，反正終究會找到人接手，不做也沒差。溺水的人都還知道要掙扎求生，職場中溺水，卻有很多人選擇自我放逐，這只會讓自己越漂流越遠，等體力耗盡，意志渙散，在職場就會失去生存力。

地雷二——問問題時，只有問題卻沒有想法

我自己通常在問問題之前，其實心中都有些定見，簡單的說，就是希望透過問題一來一返之間說服對方。但是我發現很少人在提問題之後會給相關的想法，要不就是丟一個問題出來，然後兩手一攤，接下來就什麼下文都沒有。但是只要我回了對方答案，最後就會演變成「嘿，這是我聽你的話去做的。」責任變成我要扛。所以切記，問任何問題之前，不可以有踢皮球或推卸責任的心態，要先至少提出三個建議想法，才能與人具體討論解決作法。

地雷三——被動等待，工作速度平靜緩慢

工作可以提早完成就提早完成，完成的第一件事情，應該是找相關人員說明、討論。可是有些工作者，工作做完就放著，或是隨意丟出來，然後沒有下文也沒有討論。每個人都要認清自己的角色位於哪個環節，掌握整體工作時間進度，主動傳球與接球，不拖延時間，讓工作能一階段一階段的順利接軌下去，這樣才能在預定時間達到預定目標。

地雷四——延遲交件成為自然習慣

工作上安排時間，應該給彼此比較適當足夠的彈性，不論工作量多或少，我都會跟對方先將工作分階段、細分拆解過，才將工作時間訂出來，然而，有些工作者說遲交就遲交，晚給或沒交也沒給什麼反應或補救措施。準時完工是上班族一個最低最基礎的門檻與底線，請務必重視自己對他人和團隊的影響性。

地雷五——做不到不敢說，只會埋頭硬拚

工作不是發派下去就開始做，而是先想清楚該怎麼做才對，然後組織一下自己的工作時間或流程，接著有想法後才一一去進行。如果硬著頭皮去做，花了時間後才發現做錯，最後只能要大家兩手一攤無奈接受，造成的損失將難以估計。做不到就說做不到，在時間還充裕的時候，大家可以集思廣益討論對策，或是重新任務分派，而不是給自己無法承受的壓力，或是不負責任的亂做一通來交差。

地雷六——小病、大病、沒病、什麼假都請

我曾經看過一則「生日可以請假」讓我驚訝不已的貼文。這麼多年工作下來，

有時候真的是因為感冒有傳染性，或是身體受不了，或是一些非不得已的事情才請假，不然能不請假就不請。因為請假只會讓延誤的工作變重、品質變差而已。多年下來，身邊每當遇到同事請假，有時候真的不由得想問「你身體真的比我差嗎？」請假並不是那天或那幾天的工作自動向後展延，而是會累進到其他同事的工作中，或延誤團隊預定的進度，甚至造成公司收益上的損失。

地雷七——工作交接沒做好，人就爽爽走掉

不管是請假或離職，在我過去的經驗中，工作屬於線性發展，在這條時間線上，每天都會安排要完成的進度，但只要有人請假或離職沒交代清楚，這工作不是爛尾，就是別人幫忙草草收攤，最後整個案子就這麼不了了之。好聚好散，意思是一如當初那樣好好的把事情從開始做到結束，而非隨意地揮揮衣袖、拍拍屁股走人。

地雷八——美其名拜訪客戶去，事實卻是到處混

在我職涯經驗裡，至少有三次是經過第三方的告知，才知道原來同事並非依

沒有流過汗水、費過心思而得來的成就，
不會懂得去珍惜。

照計畫到客戶那拜訪，而是去看電影、去唱歌、去摸魚鬼混。而當我問客戶的反應時，他還可以有模有樣瞎掰說客戶講了些什麼。如果真的需要時間透透氣，擺明講，反而會得到比開溜鬼混還要好的結果。

地雷九——工作交差簡單了事，忽視專業職能

一件事情要做好，我會幾經琢磨，好比寫一篇文章，通常自己會看個很多次，做的作品也會反覆看個好幾輪，或是講義簡報沒有看個數十次不安心，這麼做就是為了反覆去找出可以修改調整得更好之處。可是近五年跟一些年輕工作者一起共事，常會發生對方草草隨意交件，我問對方有沒有用他的專業知識與素養來處理這份工作時，答案多數是模糊帶過。不要對不起自己的專業，工作上每一件事情都要用專業來處理，而非本能和直覺。

地雷十——執行力不彰，遇到問題立刻往外推

有些事情明明就沒有貫徹到底，卻推說是外界給的支援不夠。我常想問這些人，到底是公司沒給夠支援，還是他沒花夠心思，不是公司不給資源，而是公司

希望要資源的同時，能看到對方相對的付出與回饋。面對自己的責任，先盡力把事情做到底，再來談還可以怎麼做、有什麼資源能做得更好。

上述十點是我工作多年經驗的事情，有些也發生在我自己身上過，不可否認的是在職場上想做到最佳表現，所需付出的心力、精力一定不可能少，一旦敷衍隨性，原本很多的可能都會變成不可能。

紀香語錄：

太容易取得時，人們多數不認為那是一種成就，但當人們想要取得能夠獲得多數人認同的成就時，又不一定願意付出相對的代價去取得。

沒有一件事情是容易的，但正因為不容易，才顯得這得來不易的成就值得自誇。如果真是不值一提的簡單事，則不足掛齒。

07 人生到達的高度，由你的好奇心決定

「這好難噢，你是怎麼會的？」同事有點無奈的說。我回：「不會啊！因為難懂才有挑戰啊！你不覺得能把不懂的東西弄到搞懂，是一件很棒的事情嗎？」

我跟他舉例，有一次看到新聞報導量子電腦，我好奇的就去把所有跟「量子」有關的資訊全給看了一遍，我記得整整一週，都沈迷在量子運算的世界裡。

量子跟我有什麼關係？從哲學的角度，或許我們可以看得出除了因果之外，還有其他更多有意義的解釋；從政治來講，或許還能理解為什麼人們的思考邏輯之於決策，有這麼多相似的模型。我懂得不過只是皮毛，對於真正量子能有多深入，說真的頂多就是還在很門外的地方。但，我不排斥學習。

「你知不知道CPU是怎麼運作的？」以前同事問過我這句話，一問之下引起我的好奇心，所以我跑去找了CPU製程的文章，又去看了些電子相關書籍，然後去Google爬文，意外的發現一台電腦，明明就只是通電而已，卻能夠做出讓我們打字、繪畫、運算、看影片、聽音樂、上網等動作，這些動作，就是在一

堆電流經過一大堆電晶體、電容、電路等組合出來的。

有一天，太太罵我「你根本就不懂女人的心，搞不懂女人在想什麼！」她一句話，迫使我去思考「什麼才叫做懂女人，到何種程度才能說懂。」再來，朋友嗆一句：「你這口才好爛，說什麼沒人聽得懂。」刺激我去買書練習說話，硬背下書中的技巧，試圖在跟別人溝通時運用。人生，就是這麼多片段又不一定連續的狀況下，觸發我們成長茁壯。

我們人生在世懂的東西太少，時間也不夠多，但是要過得充實有意思，最重要的就是不要枉費每個人都公平獲得的二十四小時。我也不是天生下來就什麼都懂，更別說我天生沒有好腦袋，從小被罵到大。可是，我的優點就是絕對不輕言放棄，至今，那也是我堅持的原則。**「好奇心」猶如是我活著的動力，對每件事情都充滿好奇心。**

比如說上次在香港搭飛機時，我因為身體對氣壓變化非常敏感，於是想用手機計算降落時每一次因氣壓變化造成身體不舒服的間隔，下飛機後我一算平均九十五秒左右，我就會有點噁心並不斷打著呵欠，想化解這種感受。還有一次在日本狀況更嚴重，我開始思考為什麼香港落地比較沒事，反倒在日本會比較嚴

如果因為知道困難而不去挑戰，
那就永遠不會有成功的一天。

重，後來查了一下，原來跟經緯度有很大的關係。

因為好奇心激發起的求知慾，促使我將時間放在所觀察到的人事物。一如當初從事行銷工作，能在很短的時間內上手，是因為我曾經在人生有很長一段時間，沒有人要與我相處，所以我有足夠長的時間可以坐在公園、路邊、球場、街頭，看著來來往往的路人，思考著他們往何處去，我又從何而來，再去看每個人的表情、穿著與動作，佐以人與人的互動，產生什麼樣的變化。

這些學習，並不難，因為只要有足夠的好奇心，一股想要知道真相的動力就會源源不絕而來。一如前幾天，一位前輩給我的功課，他說：「你要有本事，一頁A4紙就要能去說服商界的大老闆，因為他們沒有時間慢慢看，也沒有心思慢慢咀嚼，你不能像以前那樣廢話多，你只有一頁A4紙的時間去說服他，而他也只能給你一頁A4紙的時間去說明，不成功便成仁。」

一道題目，刺激我不停地去思考，一頁A4紙上，到底要放上什麼才具有說服力。我反覆在鍵盤上敲打好多次，沒有一次滿意，但每一次敲打出來的文字，都令我清楚地感受到越來越逼近目標，每次修改文字、每次調整說法、每次更動方向，都能夠讓問題離我越來越遠，而我也越來越接近答案的核心。即使最後我不一定真的能說服對方，但這個挑戰自己的過程，收穫滿滿。

人生不過如此，**自己的高度由自己來設定，想到多高，那就讓好奇心推你到多高。**

紀香語錄：

我沒有辦法告訴你應該成為什麼樣的人，但我卻認為你可以成為你心目中想像的那個人，不論別人怎麼看你，你永遠就是那個心中的自己，你不需要因為那些加諸在你身上的禁錮而感到煩憂、惱心，因為，這世界上只有一個人可以決定你是誰。

那就是你自己。

08 不被框限，不被唱衰，看重自己勇敢驅策向前

談談學校教育養成好了。我在國小、國中因為不是很認真念書，在那年代沒有認真念書的下場，就是被父母念說以後出社會註定要「撿角（台語，意即沒有前途）」。

其實，我一直覺得做這種事情沒有不好，這是一種選擇，也是人生的另外一種表現，去定義好或不好都太過狹隘。當我用這種觀念跟父母頂嘴後，再加上這與眾不同的外表，必然成為讓父母失望、難過且火大的小孩。那段時間，對很多事情的感受青黃不接，讀書當然也成一大障礙，即便課業壓力超大，但我依舊照著自己的步伐過日子，考試成績始終吊車尾。

那時，考上大學可是家族裡的光榮，不僅是我們家，可能整個家族都會為此高興慶祝。父母對我的期待也是考上大學，只是在那個年代，考上大學哪是那麼容易的事情，要擠進大學的窄門，大概錄取率也不過是百分之二十五左右，著實不易。再加上我對念書實在有困難，許多心裡事都沒有解決，更別提說要專心靜

下來讀書，那時索性自我放棄，每天到公園、到球場瞎耗時間。

聯考前一週，我還在看漫畫，完全沒有看書，結果就是被父母狠狠的狂揍了一頓。他們越是發火，我就越不想念書，因此，不用多想，當然要考上大學根本就是天方夜譚。我記得幾乎所有能報的考試全都去過，私立學校招生考試從北考到南，反正家人認為老天爺肯定會眷顧我，讓我有書可念，就機率來講，去拼的比例越高，相對找到學校念的機會就越高。我蠻意外的考上了「黎明工專機械科」。

起初，真的完全搞不懂這是什麼學校，那時沒有Google能用，所有知道的小道消息全都是鄉里之間在傳的。只知道這是所評價不高，學生素質不是很好的學校，連老師的評價在家人的眼中似乎都很糟糕。那晚，母親很難過又很生氣，她一直不能原諒我竟然考進這種學校。而我卻沒有那些感覺，對我來說能有學校念就夠了，是哪一間並沒有很重要。選擇科系的時候，會選上機械科不是因為我特別喜愛機械，是因為分數只能到達選擇機械科，因此就這麼進了機械科。

題外話，事實上我從小就因為喜歡拼拼揍揍的手工玩具，對於機械並不排斥，可是要進入專業這領域其實很陌生。家人更不用說，他們知道我只能上機械科，直接就罵「以後做黑手啦，看你這鬼樣，鬼才會讓你去修車、修機械。」多虧他們這麼講，還真沒有機械工廠要我，今天才能走向這條路。

這是一輩子都不會後悔的選擇，甚至我覺得能到這所學校求學，是我人生最高興之事。因為國小、國中，那種被強迫填鴨式的教育方法，我真的很難吸收。舉個例子好了，這例子曾經搞得學校教務主任出面罵我。

我問過一個問題，我問老師說：「為什麼細胞長這樣？老師你能告訴我細胞是因為什麼原因長這個樣子？」老師說不出來。我又問說：「那為什麼是藍色跟綠色？為什麼細胞不是紅色的？」老師沒有解釋。「課本中的細胞是這樣，我們是怎麼知道的？老師你有親眼看過嗎？你確定真的就是長這樣嗎？我要怎麼看才能看到細胞長這樣？那是用什麼方法去看？」我永遠忘不了我問的問題。同樣類似的問題我也問過美術老師，我問：「老師，人的手臂長度就是四十公分，要怎麼樣在圖畫紙上畫出那四十公分的感覺？我們眼睛看到的角度是這樣，可是畫出來卻是平面，實際長這樣但畫出來不一樣，為什麼要這樣畫？還有那個光線我看不出來有這麼大的差異，可是為什麼老師你畫的就這麼不像？」

「你閉嘴！這些說了你也不會懂，課本沒有教的東西你不需要知道！」我在學校曾經因為類似這樣提出問題被罵了好幾回，最後成為很多老師心中的頭痛人物，而老師曾說過：「有問題就要問，不懂就要問。」雖然我不會直接在課堂上問，但課後我會跑去問老師那些問題，藉機想多深入一些。可是得到的答案不外乎就是：「你問的問題不是老師教的，我沒有辦法回答你。」再不然就是「這是別人做出來的結果，我只知道是這樣，課本裡就是這樣，你不用管為什麼會變成這樣。」我還記得教師休息室的老師們，每次看到我出現都會臉色鐵青。

不過讀專科的好處是除了念書外，你還可以親手去做些東西，去磨練一些技巧，在那過程中，你絕對有足夠的時間去想很多很多的事情。我們學過一些些的化工，還有電焊、板金、車床、微電腦等，各式各樣在學校內的工廠實習，解答了很多腦袋中那種「沒有看到就不知道」的問題。

在這過程中，雖然老師沒有特別解釋為什麼，可是親手去做的過程中，你就會看到每個階段的細微變化。比方說明明就是搥子敲敲打打，可是你卻在敲打中頓悟原來這就是應用力學、材料力學，每一次敲下去，就會想說自己手下去的角度、高度、力道、速度等，加諸於表面時所發生的各種應力變化。

很有趣，五專這五年帶給我最多的不是專業知識，而是很多「所見所聞、實

不想輕易被人貼上無知的標籤，
那就不要隨便去否定自己不懂的事物。

見實聞」。

比方說雷射測距儀、真圓校準儀，讓我感受到原來這世界上的所有事物並非是絕對，而是相對。怎麼說？當我們說一顆圓「很圓」的時候，這是基於什麼樣的標準去說？看起來表面圓滑，圓就「很圓」嗎？事實並非如此，因為如果用儀器去檢測數據量化的結果，那顆圓只不過是基於視覺感知是圓的，可是拿儀器去測，也許這根本就是顆橢圓，然後再拿去機台加工過後，本來以為已經夠圓了，一量測才發現，花了那麼長的時間去琢磨每個面，沒想到才前進不到一千分之一個公厘。

五年來，學校老師關心學生的方法也很特別，因為大多數老師對學生表現出來的態度是被動的，所以你也不會去期待老師做些什麼。反而如果主動對老師展現一些積極學習的態度時，有些老師會回饋的非常主動，甚至還常常下課時間來找你聊天。我在那段時間跟一些同學們討厭的老師也常混在一起聊天，他會跟我聊網路時代即將來臨，電腦將會改變一切，那時我們學校不過才一間電腦教室，聽他講著那些不可思議的事情，我好期待這一切就這麼樣快速爆發。

甚至老師在國外開設公司的事情都會跟我分享，讓我知道國外在技術研發上怎麼發展。「影像自動辨識系統」是那時我們老師的一項論文，我看他用著很小的畫面，對著圓柱型的物體，然後按個按鈕下去，畫面對準後就顯示名稱為「圓柱體」，一旁還有小小個很粗糙的3D立體模型圖。當時我看了覺得很不可思議，問了老師很久這是怎麼做到的，我記得那位老師是第一位邁入我們家，連續天天相談將近快要一週的老師。他告訴我好多3D成像的技術以及影像辨識原理，甚至告訴我，我最喜愛的網路架構是怎麼做的，教我去拉線、接線，用很克難的方法去建立學校第二間教室的網路環境。我也是在那時候初次看到什麼叫做「分散式運算」。

其中，一位老師做液壓的機械工廠，那時候聽同學還有老師們說這工廠可是新北市相當知名的，我還不以為意。但一次他從工廠帶來他們最新的液壓產品時，我看得很痴迷，因為我沒辦法想像這麼小一根細細的東西，可以支撐起一千公斤的重物，究竟是用什麼樣的方式運作，這超難想像。老師在我面前就拆解給我看，看到裡面的機械結構還有很多的零件，我整個晚上睡不著覺，隔天就把自己的機車給拆下來看，發現結構差不多，可是承載的力道完全不同，沒想到液體的影響有這麼大，我從中徹底理解何謂流體力學，那曾經學了很久都學不起來的

如果因為知道困難而不去挑戰，
那就永遠不會有成功的一天。

東西，現在卻從中看到無限可能。

我想表達的是教育因人而異，學校氛圍也會影響學生，我們都不知道在教育過程中會發生什麼樣的事情，進而對學生造成什麼影響，但可以知道的是，在許多求知慾旺盛的學生面前，老師用什麼方式吸引學生的注意力，決定了是否真正能「傳道，授業，解惑」。我相信每個老師教學的初衷都充滿熱情，只是長期過程中的太多事情消磨掉了那些，導致很多事情變質，而學生也不是每個人都不想學習，可能是沒有找到學習興趣的那個點，要怎麼樣引起學生學習的興趣，這是雙方可以共同努力的，而非只是單純的交辦了事，那真的會浪費很多珍貴的事物，包含了時間與未來。

至少，我很高興曾經念過黎明工專這所學校，因為這學校讓我學到很多組織跟邏輯的觀念，讓我理解在課堂上學的數學在實際應用時，原來可以這麼具體、這麼真實，不是抽象不可碰觸的假想。而機械是徹底的邏輯與推論，只要其中有一個環節不對，機械這東西肯定很難運轉，要不然就是運轉過程中會出問題。

如果可以的話，不要忘記你過去想要知道某些事物的好奇心與求知慾，即便過程中有無數的人想要澆熄你的熱忱，都不要放棄，真的不要放棄，因為追逐到

最後，你不僅可以獲得答案，甚至你可以獲得前所未有的一段人生。好比像是我現在所得到的。

紀香語錄：

人生中，最大的敵人不過就是自己，想要打破那道名為自己的高牆，先承認自己不過如此，懦弱，不堪一擊。那才不過只是取得跟自己對決的資格罷了。

part 5

取得信任，換位思考

以整體眼光隨時準備與人互補

01 不要認為現在的員工不好，新找來的就會比較好

兩年來，各方朋友偶而會透過我，希望能轉介具有即戰力的人到他們的公司去。但說句老實話，如果連你自家公司正在用的人服務過幾位客戶、案子做了好幾個，這種員工你還覺得不太符合標準的話，別人轉介新人過去也不會比較好。不要存有莫名的幻想，不要認為現在的員工不好，新找來的就會比較好。

經營企業與招募人才的關係，屬於長期且雙向的發展。為了企業快速發展，大家會希望找到一個到職後，工作就可以立即展開的人才。但事實卻是，能夠自己展開工作並獨立作業，然後在不熟悉公司文化跟環境狀態下，立刻扛起沈重KPI的工作者並不多。經營者應該要回頭好好思考，到底經營企業跟員工之間的關係，是一段什麼樣的狀態。平常不認真培訓員工，送他們去上幾堂課就以為可以展翅高飛，甚至寄望課程都上過，有名師加持，員工功力應該大幅暴增，業績相對就應該提高兩成、三成。說實話，小時候去補習班，日日夜夜猛讀書，死背活背，分數要一下子多個三十分也是很難的好嗎？別太天真。

另外，**每一位員工不論是基於什麼理由進公司，其中應該至少有一個條件是成立的，那就是「信任」。**經營者信任求職者，求職者信任經營者。雙向的信任有時候在面試時，就應該建立到某種程度的門檻，而不是等進公司後，再開始慢慢倒扣信任，然後怪罪對方不夠專業。事實上，聘顧的人也該負起相對責任。

所用之人能力不如預期，真正應該要思考的問題在於公司發展的工作與項目，是不是還不成熟，是不是還得給自己一段時間來熟悉，而不是將責任下放到所有執行的員工身上。尤其當高層自己都不太明瞭、沒十足把握，員工不懂如何執行工作是當然的，他們要是懂，那麼厲害，也不會去你的公司上班。

所以，別再挑剔你手上的人，然後望著外面的世界，一直找尋你的「Mr. Perfect or Mrs. Perfect」，既然人都聘了，那就好好的鑽研何謂管理與營運，將人的能力提升起來，做不到，那就別怪罪員工不夠盡責。這些人，當初是為了某個明確的目標進來，而非承擔你經營過程中的變卦與風險。當然，因為付薪水的人是你，所以你可以決定這些人用還是不用，但請千萬記得「今天你怎麼對待別人，別人就會怎麼對待你。」你怎麼用人，你的心智狀態、思維模式相對就已經決定日後什麼樣的人會來，什麼樣的人可以留跟離開。

對人、對事，看的都是關係。

可以的話，用心去看看每一個人，不論你認為他能力有多差，多麼的討厭他，你得知道，世界上沒有絕對的「最佳解決方案」，僅有比較貼近現實的「尚可接受方案」，聘人、用人、留人，不過如此。別再做夢了，**好人才不難找，難的是人才不願意向你靠攏。**你知道嗎？找到一個符合經營者期待約莫百分之八十以上相符的求職者，最少得耗費三個月以上。而這三個月的時間，好好培養自己公司內部同仁的默契與能力，或許會是更為具體可行的方案，即使你說時間不夠，但找不到人的時間，你不也一樣得耗著等嗎？

紀香語錄：

沒什麼「對事不對人」或「對人不對事」，人與事之間的橋接靠關係，事與人之間的串連也靠關係，正因為這層關係，才令人與事之間有了不同的可能。

看懂關係、弄懂關係、運作關係，人與事之間才能取得平衡。

02 績效管理KPI制度的盲點

「如果只追求短期績效，用盡一切方法換取短期回報，有可能做這件事情的人不計一切代價真做到了，但也可能後續會帶來更多負面的影響，進而影響公司長期獲利狀況，甚至連帶賠上公司聲譽，造成之後還得收尾善後的問題。」這是一位我相當尊敬的資深專業經理人，同時也是創業家所說的話。

他一席話，在我腦海裡打轉許久。因為，過去遇到的專業經理人或老闆，總是在公司發展初期或尚未穩定時，就高聲疾呼：「公司這個月要XXX萬業績，不論你用什麼方法，想辦法做到就是。沒有做到的話，不僅沒有獎金，連帶績效都會給上負評，做不到的人請自己看著辦。」是否合理已經不重要，沒有做到連在公司留任的機會都沒有。

公司會說這些話，背後都有巒類似的共同原因，不外乎是：

．公司產品尚未發展成熟

· **客戶服務尚未執行到位**
· **執行流程尚未流暢通順**
· **專業能力尚未滿足需求**
· **後勤支援尚未備妥完善**

有可能你會覺得很奇怪，為什麼上述五點尚未做到，就急著想要賺錢？理由不外乎是：「支出與收入無法平衡」。這類公司普遍多是剛創兩年、三年的企業，要不然則是靠專案收入不穩定，無法持續帶入營收，導致有一餐沒一餐的做，結果想要做的產品沒資源，不想做的專案卻把公司資源全給搶光光，接著進入惡性循環，難以成長。

過去，關於這類議題，不論是哪個部門主管，大多都會用一個比較簡單、通俗的方式處理，期盼靠著「KPI制度」能夠作為要求員工同仁達標的方法。但是我長期觀察下來，員工遵循KPI制度時，並非被KPI限制住，反倒是在公司、在團隊裡，被同儕之間壓力與自我期許給推動著，KPI間接成為淘汰真正不適任員工的工具。可是為公司帶來的實際增長卻有限。

探討這議題的起因，在於過去我的思維沒有檢討改變，只想為了迎合股東或主管，甚至是自己，導致常常設定一個不一定合理的目標，硬著頭皮推著公司向前衝，不管對或錯，我認為使用KPI制度就是一個能做好稽核員工的工具，片面認定每天跟員工檢討他們被量化過後的表現，絕對能夠改善公司營運的狀況，甚至找出營運的盲點與死角。但好像總是沒有體悟到什麼，工作往往就不了了之，無法真正求證KPI對績效的作用。

數年前，公司毅然決然投入研發 **IaaS**（資訊架構即服務 **Infrastructure as a Service**），講白話點就是弄個類似 **Amazon AWS**（亞馬遜網路服務系統 **Amazon Web Services**）這樣的服務。我們耗費一個月的時間調查市場上的所有競爭對手，研究他們的產品，試著從各種資訊中找出我們的利基與優勢，再從中訂定市場發展策略、計畫。先不論實作出完全符合客戶期待的 **IaaS** 有多困難，我就在股東期盼之下，先制定了一個極度難以實現的業績目標。

當時，我們不過是初出茅廬的菜鳥銷售團隊，至少在 **IaaS** 這領域，沒有真正專精熟悉的專家在裡面。第一線銷售人員對於 **IaaS** 本身應該要理解的相對技術與應用都不懂，常到客戶端那邊被問倒。而我，也是在那時候花了很多時間研

自己人生的高度由自己設定，
想到多高，就讓好奇心推你到多高。

讀IaaS的相關技術應用，與制定各種銷售話術。我們處在產品根本就還沒有準備好的狀況下，硬著頭皮上戰場。兩手空空，完全沒有產品可以展示或是能夠使用，靠著雙腳與信念，硬是踏入客戶辦公室中陌生開發，說著連我們都不懂也不知道的東西，然後每天回到辦公室，帶著滿是疑惑的巨大問號，一個又一個的消磨團隊成員。大夥們每天一早十點出門，選定一條街開始掃，掃街到晚上七點進公司，接著就是工作檢討與改善會議，直到十點才結束。

我是促成這一切失敗的元凶，也是拖著所有人痛苦的成因。在我得知公司要投入IaaS的領域時，興奮之情難以言喻。做了多年系統規劃設計，見到雲端服務在各大媒體沸沸揚揚，總有點遺憾為什麼沒有機會能夠做做看雲端服務。直到二〇一一年五月，聽到公司決定要投入雲端服務，甚至是直接挑選IaaS作為進軍的跳板，激動雀躍到像是中了樂透。團隊初期做這案子就兩個人，我跟另外一位業務助理，瑟縮在別人多出的小小會議室裡做。一週過去，我將整個產品計劃與開發週期全部畫出來，還有產品大致的輪廓跟面貌也設計好，接著就是轉往營收去思考，並著手進行市場相關調查工作。各項工作在很短的時間內展開，而我們團隊也從兩個人慢慢變成三個人，這團隊是在原公司之外特別額外成立的小組，不屬於原公司，也不屬於任何人，純粹就是為了 IaaS 這案子而生。

直到某一天，該案幾位投資人找我相談，問到：「這案子看似得投資上億以上才行，特別是我們初期得購買足夠的硬體設備與頻寬，其成本之高，技術含量之深，沒有足夠的資金難以推動。我們想要知道，如果本案要成行，我們從第一天開始就不能賠錢，得持續有穩定收入，這經過財務人員計算，至少每個月得要二千萬以上的收入才行，你覺得這市場現況，有機會嗎？」我犯下最大的錯誤，就是被企圖心給淹沒，忘記市場的現實與殘酷。

「如果我有幾位業務，再加上幾位業助，推動個一陣子應該沒問題。」我犯下了第二個致命的錯誤在於「太過樂觀看待市場現況，以為雲端到處都有人在談論，市場機會應該已發展成熟，誤判此氛圍是一種值得投入也有機會的空間。」但是我萬萬沒有想到，市場對於雲端服務熟悉度，以及客戶之於現在既存的各種服務有著許多問號跟不解。我允諾了股東與投資人，答應他們整個團隊能在初期就做出漂亮成績。

基於這個理由，我們驅動公司所有的力量，試著想要改變些什麼，自以為能夠像是賈伯斯用念力扭轉現實力場，後果就是團隊不僅推動困難，每天就像是經

處理問題，
先從張大眼、看清楚問題開始。

歷一場地獄般的浩劫，然後隔天重新啟動再來過，即使經驗持續累積，可是過於龐大的業績承諾擺在眼前，迫使團隊成長與發展變得混亂複雜。

隨著時間不斷推進，業務們開始小有斬獲。雖然從一百個陌生開發的客戶裡，我們只能揀到一個客戶，但只要有了客戶，對整個銷售團隊來說就是激勵。可是這時，更嚴重的問題又伴隨而來。沒有客戶進來之前，我們沒有預估壓力，但客戶進來之後，產品研發團隊壓力瞬間變大。因為還有太多功能尚未開發，許多測試都沒有做完，別說是使用量和付多少錢，連最基本讓客戶要接入的系統都未備妥，只能手動將客戶放到系統架構裡。

這時，硬體採購也出了點狀況。我們原本希望用較便宜的價錢購買機器，於是跳過代理商，直接向國外伺服器廠商訂購主機。我們忽略購買主機時應該思考的是「穩定」而非「最新」，以致於該廠商一大批貨海運進到台灣來，有許多韌體（燒在硬體晶片上的軟體，無法反覆修改）出問題，好比每台主機都支援網路遠端開機設定，但就是有很多台透過遠端的操作怎麼樣就是開啟不了，原因出在於 BIOS 故障得整顆換掉。一來一返之間，鬧到主機得退掉，整批貨要重新採購，所有研發要測試的進度可能得被迫延後。

除此之外，研發團隊本身對於軟體能力較強，但對硬體架構熟悉度還不足，公司的MIS人員其經驗尚在培養中，因此團隊內部默契的培養，也成為產品研發的一大阻力。這過程業績壓力沒有停過，客戶也真的在勉勉強強的狀況下接單進來。一如我先前所說，沒有進來還好，進來之後就有很多承諾得開始做到，這些承諾就成為壓垮團隊的最後一根稻草。

公司決定正式對外開放服務之前，想要先轉移手上的既有客戶到新主機上，透過此舉來測試團隊狀況與試運營。不做還好，一做才知道過去客戶的資料橫跨Windows、Linux、Cent OS、Ubuntu等作業系統，資料庫也是多對多狀況，難以被用一種範本或做法轉移過來，得讓技術人員手動一個一個調整設定，後續要處理轉移的客戶數量，遠遠大於技術團隊本身能負擔的程度。過程耗時冗長，結果原本延遲的產品研發進度又變得更加嚴重。內外夾擊之下，我眼睜睜看著團隊走上毀滅之路。股東問我：「為什麼你答應要做到的業績沒有做到？」我無法回答，因為看著每一位滿是傷痕的業務跟同事，他們滿臉疲憊憔悴，成日被我壓迫要求，試著靠各種辦法想要滿足客戶，但事實上，客戶的需求要從引導到滿足，有很長的一條路要走，這條長路，是我一開始允諾他們時沒有想清楚的地方。

我們沒有正確適當的心力擺在市場拓展上，僅想著用最短的路徑搶下最小的訂單。或許，此舉真能帶來小量微不足道的訂單，可是這些訂單不是糖果，卻是毒藥。因為它不僅毒害團隊內部研發的步調、毒害股東對於市場的樂觀期待、毒害業務人員的短暫愉悅，毒害整體營運發展的可能，而這一切，其實早在整件事情開始之前，我們原本可以妥善的準備與預防。但權力、金錢與企圖心蒙蔽了現實，我自以為能像超人般的方式扭轉現實，將不可能化為可能。事實證明，我不過就是一個平凡又沒什麼能耐的普通人。

每次回想起這段歷程，過程中的酸甜苦辣，還有很多不為人知的辛酸，全都歸咎在自己不夠縝密的思維，還有太過樂觀看待市場，沒有思考團隊長遠發展的可能，僅只是想要短期滿足股東或經營者的慾望。最後，帶領團隊走向失敗一途，平白無辜浪費掉一個本來眾人期待的寶貴機會。身為一位經營者，除了氣度與態度決定公司發展的高度，如果眼界看得夠遠，再加上看當下手上的每件事情，一步一腳印的去驗證，不好高騖遠，讓團隊由裡到外都能貼近現實，或許，更是應該要去遵循的準則。

現在，我一律都會對所有客戶或合作夥伴說**「雖然我們活在當下，做的是現**

在眼前看到的事，但我們卻是在打一場兩年後、三年後的仗。我們希望可以跟你們至少維持兩年以上的合作關係，共同看待一個長期利益的發展可能，即使一開始我方得讓出足夠的利益，但只要合作關係鏈上的每個夥伴不要餓肚子，我想這就是身為一個整合者與協調者應該要做好的角色，而這也是我目前看待公司發展的唯一價值觀。」

我們想留下對每一個人都有價值的東西，而非一堆要人收拾的殘局。

紀香語錄：

給他直接吃魚，不如教他怎麼去釣魚；與其教他釣魚，不如教他怎麼做釣具；教他學做釣具，不如告訴他怎麼生存。

03 那些無法用數據量化的工作品質

大多數公司導入ＫＰＩ管理的下場，不外乎就是內部人仰馬翻，再不然上有對策下有政策，自會有人想辦法做數字遊戲。但有些單位的數字卻不是要做就做的出來，甚至如果導入之後，淪落到各個單位互相做數字來達標，那反而會令這整件事情變得多餘、複雜，又有點浪費資源與時間。

我個人相信，ＫＰＩ導入作為管理的工具，一定有很多理論基礎的支持。過去有幸參與的幾間公司，曾導入過ＫＰＩ制度，不論是行政、生產、研發、設計、行銷、銷售、客服等單位，都能夠設定相對的ＫＰＩ，並且依照其數字目標設計對應工具、表單、流程，來完善這整件事情。

導入ＫＰＩ的制度其立意出發點都是好的，但換個觀點來講，請恕我用一個不一定恰當的角度來解釋這件事情，這就像是一直以來我們教育體系的問題，不斷要求數字，卻忘記每個數字代表的都是一個人，單純用數字來論對錯，但沒有注意到完成數字的這些人，其程度、背景、教育、經驗、專業均不相同，當我們用數字輕易的否定掉一個人的價值時，是否真的意味著這個人過去曾有過的付出也付諸流水？

我一直在思索著這個問題。因為企業的成長必須不斷緊盯著數字目標，令其在發展上可以不偏不倚的朝既定目標前進，相對之下用數字去管理，顯得中立、直覺又公正。可是事實真是如此嗎？

大多導入KPI制度的公司，以我所知道的狀況，很多就是一套目標下去後，細分拆解到各個部門，然後將一整年份的切分到每個月、每一季之中。但這麼做的問題就會發生在每個單位中的每個人，其程度與水平都不同，用單一的標準去量化一個人的成果，有可能造成那個被設定目標的人，根本就與目標不相符合，有的人太高、有的人太低，看起來公平的制度底下，其實充滿著不公平。

我想，依照上述的講法，可能會令那些念管理學系、EMBA的人氣得跳腳吧，大多數人應該無法接受我的說法。管理不應該純粹是制度、流程、標準化，管理的彈性在於當公司還不夠大時，應該要能夠有效的轉變組織作戰能力以及作戰方式，而當公司發展到一個比較大的規模時，管理的準則應該放在給予適當的範圍限制，不要讓員工越矩、越線就好。

回到教育這個題目，分數代表著一切，所以為了差那麼幾分，常常會爭的臉紅脖子粗，好比是已經得了九十八分，可是卻因為差了二分沒有滿分，而感到懊惱不已，但教育的本質應該是放在：是什麼原因促使他能夠達到九十八分，而他又應該如何以這九十八分感到驕傲，並且與人分享自身的學習成果。

我們的教育教出對、錯分明的世界，解決問題的方法永遠只有老師講出來的那一套，但是進入職場，常常發現老師說出來的方法不管用，學生們大多失去獨立思考、群體共識、解決問題之能力。聽起來每個人都可以達標好像很好，但如果每個人都得到相同的分數時，人們又因為沒有差異性，所以再次將標準提高，直到有些人可以排第一，而有些人則只好排二、三、四、五。

曾經有一位業務這樣跟我說：「我們為了把這份工作做好，每天是最早進公司、最晚離開公司，而且所有的要求都照著做，並且沒有一天偷懶，可是最後因為我們沒有達成公司設定的目標，公司就完全否定掉我們過去所付出的一切，那我們又到底是為了什麼而拚？一個我們都不確定能不能做到的數字目標嗎？」

他的一席話令我深思很久。公司是營利事業體，不賺錢的公司是罪惡的。如果在第一線的業務單位，無法替公司找出並維繫營收來源，那又怎麼能繼續推動內部各項作業。工作環環相扣，只要沒有客戶進來，所有的產品服務、供給、運用全部停滯，而業務卻說他已經盡力，可是公司卻無法給他對等的認同。

為此，我想了很久，我的答案是每個人都有其不同應該要達成的目標，在一個公司體系底下，都有其相對的工作與任務要被完成，又因每個人程度不同，如果每套目標設定的差異因人設事時，那也許管理會失去標準，經營會失去精準。所以，最好的方式應該是衡量公司內相關同仁的基礎水平，依照相對標準設定出平均值，令公司內的每個人每一次都可以陸續達成一點小目標、小成就。

眾多的小目標、小成就，在多人共同努力之下，累積出一個看起來還算不差、可以被接受的群體目標、共同成就，這樣我們要回頭檢討一個人做事的好壞、優缺，相對就比較容易一些。最重要的是千萬不能忽略每一個人的貢獻，我們必須懂得在錯誤中成長，成功中分享，並藉此不斷精進內部，將其內化成為公司的一種共識、知識，最後成為這公司的成長文化，我想，這就是所謂的「學習型組織。」

KPI不應該是絕對值，但也不會是相對值，而是用來決定一個人能做多少事情的一種標準，給予人們向前有個可以遵循的目標，但卻不能用來衡量一個人

公司要能留住人才，
最大的誘因是讓員工看到「成長性」。

的價值。真正必須被關注的是他所付出、他所貢獻、他所投入的有無公平的被注意到，而在此同時，他是否又能成為群體之中直接創造企業價值的重要人員，如果是，那我會定義他為公司成長的共同體、重要資產；如果不是，那我會認為彼此之間還待磨合與互相了解。

員工不是數字、薪水是數字、成本費用是數字，在可量化與不可量化之間，找出適當的平衡點，我想是整間公司所有同仁要一起去共同營造出來的，而不是老闆、主管片面單一的給了個目標預估值，就想要交差了事這麼簡單。

紀香語錄：

即便你過去表現多好，做事有多用心，那都發生在過去。如果你現在不用心、不細心，別人就會很容易發覺，因為兩者之間的差異相當明顯。

最後，你不會因為過去有花費多少心思而被人繼續榮耀著，反而是因為你現在的墮落而輕易遭人唾棄。持之以恆，才是最困難的課題。

04 從一群爛人裡面，挑一個比較不爛的

「從一群很爛的人裡面，挑一個比較不爛的。」創意總監這樣跟我說。

在他眼中，及格的人沒有幾個，反倒是每一個來的人都可以被他挑剔，不論這人有多麼厚實的背景資歷，到了創業總監面前，每一位就像是被打趴了的狗態，沒有一個人敢多說什麼。

中午吃飯閒聊時，我問他：「為什麼你要對他們那麼苛刻？」他苦笑著回我：「你覺得我對他們很苛刻嗎？」我不加思索的回他：「嗯，你面試他們的過程很嚴格，而且話講的很直、很白，這令人真不好受。」他又苦笑了一下，嘆氣道出心裡話：「今天我不對他們嚴格，明天就變他們對我苛刻。」不過，總監特別說：「或許你我心中看待爛的定義並不一樣。」「你有什麼考量嗎？」我帶著疑惑問他。他回我：「這群來面試的人，固然有真正能力不錯的人，但是要到服務客戶，還有很長的一段路要走，如果現在他無法理解面對壓力的現況是什麼，到了真正對付壓力時，可能很容易就崩潰、逃避，最後倒楣的還是留在現地的你

我，因此，我們需要能夠真正被淬鍊的人，而非只是為了找份工作而上門的人。」

我說：「可是你這樣子做，人難找，很難會有人願意上門。」總監回：「**如果因為知道困難而不去挑戰，那就永遠看不到設想中的結果。**」「過去，用人一事我曾有過妥協，礙於專案、礙於公司需要，我們急著找人進來，只要稍有能力的我們都要，可是也因為如此，種下了後期無法應對的禍因。」創意總監無奈說著。我不了解，追問下去，他說：「那時候公司發展快速，客戶案子源源不絕進來，大家高興極了，心想公司終於有個好的翻身機會，能夠再向上翻長，可是一個沒注意，問題接踵而來。」「什麼問題？」我問。

「我們為了迎合客戶的各種需要，急於證明我們公司有服務客戶的本錢，在很短的時間內雇用不少人進來。當時，只要稍有能力能做案子的，立刻就把對方請進來，一請就是十多位，當下整間公司氣氛歡樂，一下子多了很多新面孔，每個人都很興奮，乍看之下，這是一間充滿無限可能的公司。」他說著說著，突然口氣一轉，頓時氣氛變得沈重。

「請神容易送神難，我們忽略新舊文化交集時產生的摩擦與麻煩。」「惹出麻煩？有這麼嚴重嗎？」我問。他大嘆一口氣：「我們對人的管理還不成熟，只是懂得帶人帶心，心想應該這些人也會跟著走，可是問題就在於我們並不擅長帶人的工作。」「你說要我把本分做好，把事情做到位，這我熟，可是公司一下子多出這麼多人，我唯一理解的管理技巧，就是用工作項目來盯著他們產出，再加上公司評估專案數量與收益沒有抓好，導致大家長時間加班，日積月累，情緒就像壓力鍋隨時爆發。」

「禍因就從此而出。」他提到。「新進同仁得花上一點時間跟上既有專案的步伐，但舊有的同事又沒時間多跟他們互動，雙方在相處上有斷層，再者新進同仁一進來就得立刻承接案子，每個人手上至少得做二到三個案子，起先大家礙於都是剛到職，對手上案子沒有太多問題。可是過了一陣子後，其中幾個人開始聒噪，其他人也漸漸被影響，直到後來，人們沒有專注在工作上，反而耗費心思在搞各種辦公室小團體、流言蜚語，各種污染辦公環境的問題一一而生。」

「後來怎麼了？」我問著。他淡淡的苦笑：「我們尊重員工的決定，讓他們做出自己想要的抉擇，想留的留、想走的走，唯一的條件就是要留下來的人，得專注在面對客戶的事情上，能撇開情緒與對人感受再來留，不然公司一律不留。」

這次，公司走掉一半以上的人，整間公司因此元氣大傷，堅持下來的，絕口不提

看看多元化、不一樣的資訊，是一種享受，
不論對於心靈、心理或是生理。

公司其他事情，離開的人，多半抱持著不好的感受。那事情，給了總監很大的打擊。此事件中，他學到了一個教訓，他說：「寧缺勿濫，絕不妥協。」

「當初為了大量專案招募人員時，我清楚看到有些人就是不適合這公司，直覺告訴我們，有些人的脾氣跟個性或許會不和。但我們沒有考慮清楚，只因專案太多需要補人手，所以歡迎每一位能負擔起該工作的人參與。後果就是僅考量工作專業，沒有考慮到工作態度以及公司相應的文化，導致新舊之間磨合不順，引起許多無謂爭端，讓公司產生多餘額外的消耗，最後造成客戶端的損失。這點，我們得負起全部責任，是我們犯下的錯誤。」

「那你為什麼會說從一群很爛的人之中，選一個比較不爛的？」我問。總監說：「事實不就是如此？這些前來面試的人，你有真正覺得很好的嗎？我指的是打從心裡面，你覺得這份工作就是適合他，而不是他來迎合這工作。你有看到嗎？」我回想了每一位面試者，我說：「沒有，每一位都很勉強，感覺上都是來爭取這份工作，沒有碰到一位真正就是適合這工作的人。」

「那次教訓之後，我發現工作不能只找那種會做的人來，也不是光找態度對的人來，而是要找那種『沉浸其中的好手』才是首要考量之事。這種人，他能力不用頂尖、他態度不用特別好，但他就是擅長做這些事情，面對客戶端的問題、內部溝通的問題、執行細節的問題，他都清楚知道自己的立場、角色、位置該做好什麼，這種人，最適合企業，也許他表現普普，可是他能夠在這公司尋得一己之地。」

「這種人幾乎沒有吧？在職場上，很難找到這種人。」我說。創意總監回：「所以，我得從一群很爛的人裡面，挑一個我覺得比較不爛的，然後這個人可以呼應公司的期待，我們也願意給他時間，他自己也知道還有待改進，為了心目中的目標願意向前邁進，這種人，即便他專業爛、技能爛、態度爛、背景爛，可是，在我心中，他可以變得越來越好，越來越符合公司的文化，成為這文化之中的一份子，變成你我可以信賴的夥伴。」

「正因為他知道自己爛，所以才有提昇、改進、成長的空間，只要他願意。」

「找人，困難之處不在於我們找到人，而是當我們決定要用人時，我們有沒有弄清楚他會在公司中怎麼發展。最重要的是我們能與其共事，他也能跟團隊培養出共通默契。這時，即便他能力尚有待改進，我想至少未來都是可以期待的。」

創意總監看著我，笑笑問我：「所以你知道為什麼我專挑爛人了吧？」

每個人程度、背景、教育、經驗、專業都不相同，不能用業績數字輕易否定掉一個人。

紀香語錄：

人的眼睛會選擇自己想看的，人的耳朵會選擇自己想聽的，人的頭腦會選擇自己想處理的，人的行為會選擇自己想做的。

所以「不聞不若聞之，聞之不若見之，見之不若知之，知之不若行之，學至於行之而止矣。行之，明也」，沒有聽到不如聽到、聽到不如看到、看到不如了解到、了解到不如應用到，學習最終要能應用才行。

05 上任主管前，先確定你瞭解主管的職務嗎？

有一天，我問悶悶不樂的太太為什麼如此不開心。她看著 LINE 不語，手中默默對著螢幕滑啊滑的。我看她沒有回應，心想不打擾她就轉頭要離開。才踏出那步，她叫住了我，拿手機給我看，她說：「這是我心情不好的原因。」

我看了她手機裡的內容，越看越是沈重，眉頭一下子就皺緊，我問她：「這些發言的人是妳同事？」她回我：「對。我不過才滑一小段，看到一群人無所不用其極的辱罵公司，抱怨對工作不滿，整段內容全都是指責公司哪裡不好、哪裡不對，又怎麼虧待如此用心工作的他們。」我跟她說：「妳每天都在承受這一切？這些幼稚無知的思想與對話？」她說：「我是他們的主管，應當關注、照顧他們，協助他們在工作上可以有效推動，但我發現似乎沒有辦法。」「為什麼？」我問。

太太說：「他們抱怨公司制度與福利不好，一直拿其他公司的制度來比較，但現實是公司目前狀態如此，不可能一下子就套入別人公司的各種制度或辦法。」她為此困擾許久。她在同事心中是一位好主管，很多事情都會替他們著想的主管，這導致公司同事一有不滿就向她傾倒，甚至會希望透過她來改變公司。畢竟，身為高階主管的她，在同事眼中或多或少還有影響力。

可是也因為如此，她一人默默承受那群同事們對公司所有的抱怨與不滿。她說：「我知道他們工作辛苦，但公司現況如此，要改變現況的話，我們必須先拿出成績，手上要有籌碼才可以和公司談判。事實上卻是連基本要求都做不好，公司期望最低標都做不到，又何來條件與公司對談，更甚者，錯誤連連犯，公司沒有計較就算了，現在反過頭來掐著公司說不改善就不做。」聽她這麼說，心中好是難過，但這是她第一次當主管，身為主管本來要面對的問題就不會只有純粹的事，許多時候，主管在處理的全是人的問題。她問我到底該怎麼做，才能成為一位符合上司期待、也能讓下屬滿意的主管。我苦笑的回她：「妳不可能討好每一個人，妳唯一能做的就是站在正確的那一邊，做出正確的立場與決定。」

如果一個人工作忙碌，可以持續從工作中有所斬獲，並且能在每一次過關斬將中找到成就自我的理由，就有足夠動機與力量繼續下去。那這樣的人，只會越做越投入，越做越忘我。因為人生命之中的成就，有一大部分是靠工作所付出得來的收穫、成果。但反過頭來，當一個人開始不斷抱怨，花了大部分時間在埋怨公司，控訴公司對他或其他人的不平，這也許只有一種可能性。

太太問：「是什麼？」我回：「該做好的工作沒做好，沒做到位。」「為什麼？」她問。

人性有許多特質，特別在處於自我滿足之中時特別明顯，當他可以在工作上持續表現良好，自信會增加，做事主見會變多；同樣的對於自己掌握之事物有把握時，談判籌碼會增加，後續亦有很多主導對策產生。比方說，他知道自己有能力來跟你談福利、談薪水，即可能用積極正面的方法爭取，甚至語帶威脅，仗著自我實力來要脅公司滿足他的要求。

我問她：「那妳的同事有想過要離職嗎？」她回：「有的人要留到過年後。」我又問她：「那妳的同事有別的公司挖角嗎？」她回：「有的人說根本沒人要。」我接著問她：「那妳的同事有沒有其他計畫？」她回：「有的人想要出國遊學。」我的分析是，基本上這種同事彷彿在逃避自己與工作，他們無法從工作中取得成就的唯一影響要素，就是他們自己本身。

一個人工作做不好，會用許許多多找不完的理由來修飾、掩蓋自己的不堪。這就像是當有人不想被掀開難堪的那一面時會「見笑轉生氣」，用憤怒情緒來掩

蓋自己對事物不堪的反應，藉此想要轉移注意力。她不懂，又問到：「為什麼要這樣？難道沒有別的可能嗎？」

不能說所有工作者狀態都相同，可是有個重點就是「當一個人能把事情做得很好時，他會自己找方法、找辦法去突破困境與障礙。因為那是他想做的事，眼前發生的限制不會反應回情緒之中。雖然可能會有不快樂、不滿意的狀況，但職場上有一句老話：『成功者找方法，失敗者找理由』。妳遇到的就是一群表現不佳的同事，他們將情緒投射到公司，進而藉由群體互相安慰、滿足，找到情緒的出口，然後形成一種集體共識，將原先細微的情緒放大、增幅，最後變成一頭怪獸控制著他們。」

「那該怎麼辦？我又能怎麼做。」她難過的說著。

我開始幫太太釐清，是否身為主管卻疏漏了一些事沒做好，我問：「妳是否沒有做到適度的溝通？」她說有；「妳是否沒有聽到他們的心聲？」她說有；「妳是否能夠回應他們的需求？」她說有；「妳是否有給予他們相對的承諾？」她說有；「妳是否有明確的時間表給他們？」她說有。她回我：「很多事情我會盡力去協調，但我無法保證所有的事情都能做到他們的期待，因為有很多事情不是我能控制的，那需要去跟公司溝通、說服。我跟她說：「那就是妳個人的問題，妳犯了多數主管會犯下的錯誤。」她驚訝的問我：「為什麼？」

妳必須清楚自身立場與位置，公司賦予妳主管一職，是請妳用管理職能的專業，做為帶領部門的條件。一如我前面所說，妳必須有清楚的立場，理解自己正站在哪一端。對我而言，如果這份工作是妳要的，甚至妳還想在此工作中有所發展與成長，那妳必須站在公司立場去思考，要怎麼去解決眼前的難題，而不是去顧慮雙方的立場，兩側都想去拉攏、討好，最後妳會卡在中間，任何一方的問題都不會被解決，反倒妳可能成為另一位「麻煩製造者」。

成為一位符合公司期待的管理者最複雜之事，不在於妳怎麼帶人、待人，關鍵依舊著眼於「**用什麼方式驅策一群人，做出期望中的成果與結果。**」我年紀還很輕的時候就成為管理者，身為管理一個部門的經理，一開始，我以為討好部門內的同事為最優先事項。直到有一次執行長跟我說：「在部屬眼中你是個好主管，在高階主管的眼中你可能就是個爛主管。」乍聽之下有點以偏概全，但他想表達的是：「當你跟每個同事之間的界線沒有劃分清楚，你又怎麼能夠在適當的時間、適當的場合，表達出你認為正確的適當觀點。」執行長點出的現實，也剛

人要有氣度，才能廣納百川。

好成為我接續遭遇的殘酷事實。

同事們跟我關係還不錯，每當我有事情交辦過去的時候，他們總會多帶個幾句話來表達一些看法。從那些話中，我感受到些許的不甘願、不願意，可是為了讓他們舒服，我彎下腰來，用請託的方式，盡量讓姿態更低，只不過是希望他們工作接下後可以順心些。這麼做之後，我交付工作的難度一日比一日變得更艱難，甚至當他們做不好時，不經意去問一下狀況，他們會用比我想像中還要激烈的反應來回我。主管，頓時不像是主管，反而像是主僕，負責服務好他們每一個人。再加上群體交互影響的效應，我沒有在他們之中樹立主管該有的形象，也再沒有任何人把我當主管。

我太太問我後來怎麼處理，我回她：「暫時無解。」人性如此，要贏得人們對你的尊重，一種是對方打從心底而來，另一種則是強加上去。一般來講，如果大家共同工作一段時間，在大家認同你的狀況下被拔擢為主管，此時身為主管所遭遇的阻力會比較小，應該說只會侷限在某個範圍裡。這也就是為什麼不少公司找人時，透過外部較具有經驗的人來當主管，可是卻不一定會順利。通常從外請來的新主管到任後，得先摸熟整個部門的運作方法，以及每個人的工作習性與問題，知道在這環境工作有哪些人的底限不能碰、不能踩，「磨合」會是一大考驗。

「妳是公司內拔擢的主管，妳跟著他們一起工作，妳所遭遇的問題不是他們不挺妳，甚至說他們太挺妳、太信任妳了，不加掩藏的把對工作所有的不滿情緒，抒發在妳身上。」那就是我所說「侷限在某個範圍裡的不滿。」這就像是一群要不到糖的小朋友，滿腹都是苦，想找人傾吐卻找不到，這時，有人出現成為那個代表的窗口，而他又不像是不給糖的那方人，小孩們會跟這人開始吵鬧，鬧著要吃糖，希望這人可以代為表達。「妳是那個人，妳的問題在於妳基於什麼立場來應對這種聲音。」

「很多人當上主管後，才開始學習如何做主管。」一位總經理跟我說過的話借來跟太太分享。我說：「成為主管，不一定是夾心餅乾，但也絕對不會是所有人眼中的萬人迷。想討好每個人的下場，就是沒有人被討好。」世間萬物均是相對，當我們對某一方好的時候，可能相對另一方的下場是不好，在公司正是如此。舉例來講，當公司想創造最高利潤，要求人資單位產出最高數字績效，此時可能會發生的對策，就是採取限制薪資、設置處罰條件等手段。

職場中，要懂得利用相對之間的槓桿，你唯一有的籌碼就是「商談與協調」。

知道什麼不做，比急著要做什麼來得更重要。

成為專業主管之路，不是一條好走之路。尤其，會有人認為主管代表某種階級制度的差異象徵，特別會有所謂的「反階級制度心態」產生。想要做好一位主管，一定得弄清楚以下幾件事情：

- **為誰在做事？**
- **想做什麼事？**
- **能做到何事？**
- **要得到何事？**

千萬別搞不清楚，公司最大的是老闆沒錯，但勞方也是一大陣營，立場要穩定，不能混亂，不要最後成為大家眼中的包袱或負擔。理解自己的角色、立場後，想要做些什麼事情得規劃好，不能沒有方向，因為部門同仁都在等待主管指揮與命令。

規劃清楚「想做哪些事」之後，要明確規範出「能做到哪些事」，避免做些超乎自己能力範圍之外的事情，以防產生出更多超乎想像難以處理的問題。最後則是確認「做這些事之目的與目標為何」，具體一點就是將真相攤在陽光下，不要光靠感覺來看事情，建議用真實項目或指標作探討依據，並設定為後續追進之目標。

身為主管的功能，其中最重要的一項是「傾聽」，再來是「引導」，最後則是「掌控」。每個不同環節要做的事情都不一樣。要是僅做到傾聽，讓整體氛圍走向抱怨、不滿的情緒之中，那主管也不過變成這群人犯錯的推手。想要做到位，懂得適時去引導他們到正確的道路上，一步接著一步帶過去，讓這群人不知不覺間回到正軌，再來才是掌控他們的工作範圍及品質，反覆在此循環中持續著，工作就有可能重回正向循環之中。

沒人說當員工簡單，但當主管可不比當老闆還要簡單。

紀香語錄：

做人不能忘本，做事不能忘根，莫忘初衷。別忘記自己曾經是誰；別忘記自己相信的是什麼；別忘記過去令自己驕傲的理由。

06 將帥無能，累死三軍

「將帥無能，累死三軍」，幾年前聽到同事對著我講這句話的時候，心中著實難過，一方面在企業中，我扮演著將帥的角色，參與許多公司裡的決策。如果就事後諸葛來分析那些結果，當下做的不好也不理想，另外一方面卻是在「很多不同層面」考量下，做出那些不一定有意義的決策。當然，最終整個責任得自己一個人扛下來，但事實上，身在其位感受相對最為深刻。

考慮決策的過程，會想到很多關於自己、關於未來、關於職務、關於信任的各種問題，許多時候都不希望自己做出任何招惹別人的事情。想要討好客戶、想要討好主管、想要討好員工、想要討好股東，什麼都想討好，最後卻發現自己誰都討好不了，因為立場混亂不一，沒有明確中心思想，什麼都想討好，就什麼都無法討好。

有人會說，為什麼要做一個讓大家做起來都很折磨的決策，這說起來背後牽扯涵蓋的因素相當多，但有時候說再多，給人的感覺就是理由、藉口，索性的將很多話往肚子裡吞。許多事情不是不能說，而是為了希望所有人能聚焦於眼下狀況，進一步的去討論那些最該被解決的問題：「什麼樣的狀況導致決策反覆發生，又有多少人不知道該用正確的方法、做正確的事情，來處理眼前的問題。」

每當一個決策出去，會攸關到公司名聲、客戶權益、股東利益等，我的心裡總是充滿著無數糾結，這些糾結不論是從內部的資源考量、人效評估、時程安排、職場氛圍等，綜觀大多數不同的執行面相之後，考慮一些既得、既失利益關係之間的關連，最終綜合出一個「也許可行」之方案，而這些方案是不是最理想的、最優越的，說實在話，在那種的情境及氛圍下，很難做出客觀又中立的評論。

那年開始，離開企業體系，擺脫制度的拘束，我的角色頓時像是位浪人，到各個不同的公司去講課、當顧問。當自己不在那個位置時，看到另外一方坐在位置上的那個人，好似看到自己的影子一樣；那受限於體系內、環境內、制度內、文化內的狀況，無法自主的卡在位置上，顯現出的那種無力、無奈。而我離開那個位置，卻可以完全站在體制外，在不受限的狀況下，透過不同角度分享、講解、說明，並給予各種建議。

似乎，當自己身上不再承受那些包袱或責任時，很多事情的觀點會顯得相對比較超然，不再受角色身分所困而深陷其中。在管理與經營面上，一位好的專業經理人要如何將團隊帶到正確的方向上，給予人們精準的指引，告訴這群人做的是適當、適合之事，同時清楚自己做的沒有太大偏差，方向依舊準確，這是門相當複雜又不容易的學問。

計畫老是趕不上變化，變化卻永遠都追不上，才會導致於將帥成天帶著軍隊到處跑，怎麼樣都找不到敵人打，但總在自己沒注意的角落默默吃人悶棍。所以管理和帶人的問題到底在哪？具體一點來說，可以歸納為幾個問題：

1. 不了解市場變化
2. 不明白趨勢發展
3. 不清楚客戶需求
4. 不熟悉公司文化
5. 不重視組織協調
6. 不知道該做什麼
7. 不懂得技術應用

身為一位決策者，帶領整個團隊前進，最重要的不是只去想自己要做什麼，而是要知道自己該怎麼去駕馭這個團隊，航向正確的軌道上。這所謂的「正確軌道」意指符合團隊本質、團隊期待、團隊能力、團隊共識的幾個條件。要滿足這些條件，決策者本身必須理解外部市場的種種影響因素與各項關鍵門檻，同時間也得熟悉內部的處境與狀態，以利整體內外之間的均衡發展，避免做出任何有所偏頗的決策。

一位好的決策者或是專業經理人，必然得從自身內部的理解再到外部環境的了解，自身角色雖然無法完全掌握各種面相的利益衝突或糾結，但是能盡量令自己超然中立，就比較能夠站在客觀角度立場來思考，究竟所做的決策是否會造成不必要的資源浪費、人力虛耗、成本消耗、信任磨耗等。也許，有人會說「我們怎麼能準確的知道哪些事情該做或不該做？不去嘗試看看又怎麼能夠有經驗呢？」

我會說：「如果你是一位有智慧的經理人，再加上你知道每一個決定背後都是許多資金費用還有信任所堆出來的，那我相信你會大膽嘗試，謹慎求是，而不

身為主管的功能，其中最重要的一項是「傾聽」，再來是「引導」，最後則是「掌控」。

是將公司所有人的未來、你自己的未來，都賭在一大堆那些『你也不是很清楚』的事情上。」

身為一位專業經理人，肩負的不再只是自己的責任，雖然我會說：「為自己負責」，但那是對一般的工作者而言；對專業經理人來說，責任更大、更重、更廣，因為團隊成員裡的每一個人都是你的責任，你必須清楚你會帶他們去哪裡。

曾有位優秀的執行長跟我分享：「**我們的工作就是成為燈塔，成為同事們的領航員，讓他們知道自己最終應該往哪裡去。**」我很喜歡他的這一席話。

不過，我會再加上「不只是燈塔，甚至還必須是一盞明燈，令這些前來的人不只是單純的來，而是知道自己為什麼來，在這目的背後，知道驅動自己的動機是不是明確強烈，甚至能令他們去思考自身處境跟位置是什麼樣的狀況。」

如果你已經是一位專業經理人，你不應該只是在思考「自己的事」，你得開始顧慮「內部與外部所有的事」，那些事都會是你的事。因為當你有足夠的權力可以做出決策時，我相信你不會拉著整個團隊跟你一起「試錯」，而是帶領著他們一起朝向正確的成功之路前進。要做好這件事情，請記得「去本位立場」以及「換位思考」，還有善用「同理心」來做為參考的準則。

紀香語錄：

想要別人認真對待你，先從認真對待別人開始。當你向對方說已經付出許多之前，請先想過為什麼需要跟別人講出這句話。如果，你在別人的眼中還不足夠，那其實也不需要去多說自己曾經付出多少，耗費多少心思，因為真要覺得自己認真過，自身知道就好，不需要說出口來作為說服別人的一種手段。

07 管理，不是一個念頭起了就能擔

「如果公司裡有一位同事，主動提出要幫忙做事情，而且他願意扛起相關管理責任，你會讓他嘗試看看嗎？」一早，太太問了個嚴肅的問題。

在我解釋原因之前，我先回答她：「不會。」

擔任管理階層不是一個念頭起了，或是覺得自己合適就能夠做。特別是團隊裡，每個人想法、看法不一，管理這檔事，並非誰說了就算，更不是頭上戴個皇冠加冕過後就行。特別是管理者的人格特質，是不是相對健康、公正非常重要。如果對該人的了解程度不足，就貿然的給予對方管理權限，最後出了問題，絕對不是三言兩語就能解決。

「他是一個主動有想法的人，他總認為自己是公司中最聰明、最熱忱、最積極的人，也時常向外表現自己。」太太這麼形容著身邊的某位同仁。我問：「在妳告訴我那個人多好之前，妳先跟我說他會不會偶而吐出未被重用、賞識之事？」她點點頭，說：「會，那個人還會因為公司沒有給他更多的表現機會而感到被埋沒，他對於自身專業有相當程度的堅持。」

一位從事管理工作的人，首要條件就是「管理好自己的嘴」，自我約束與自我管理。這麼多年下來，管理最大的挑戰不僅是管好別人，而更要管好自己。告訴自己哪些不該做、哪些不該說、哪些不該碰。管理不僅是將權限交到某人手上而已，其代表的意義更多是權責分工、任務分工、專業分工。一個人適不適合管理，要從他平常是不是可以沉穩妥善的應對每個問題來觀察起。

一般人要說出一嘴好管理不難，可是實際執行上，管理卻又不單單只是出張嘴、手一揮，事情就會大夥兒自動完成。特別是很多主管都是坐上了主管位置後，才開始學習怎麼當主管。因此，不能因為熱情就被拔擢為主管，個人意願不是判斷的首要條件。

「那該怎麼去評核該人是否適任主管一職呢？」她問。

我說：「他思考溝通的脈絡是提問多，還是講作法多？」「通常，他都是看許多事情不滿，所以提出來這些事情可以怎麼做，又應該怎麼做。」她回。我又問：「那在他的權責範圍內，他是採取積極作法去解決問題較多，還是提出質疑較多？」她想了想說：「那個人比較會先對工作上的問題產生許多質疑。」

要求別人不要自私的人最自私。

「所以，這是個對別人的事情有想法，甚至可能知道相對作法，但對於自己的問題卻充滿著疑惑的人？」我問。她回想那位同事的工作現況，思考一陣子後，回我：「嗯，那人對工作總是有說不完的想法，特別針對他人的事情。」如果，將管理權責交付給這種人，可能會有處理不完的狀況。因為，他在面對自我問題上，迴避的機率較高，但處理他人的問題，會相對主觀的用個人看法去做。

管理，看的不單純是「需求與看法的表述」，有時候是一種氣度、態度、高度。那是種對人、對事、對目標綜合具體的交集表現。尤其，如果人們對於處理自我問題能力的程度不高，卻只是將狀況置放於外，一廂情願的認為由外部可以解決內部的問題，也就是從別人身上找到自己想要的答案，這根本是緣木求魚。

當主管多年下來，我發現很多時候跟同事之間的配合並不愉快。問題不在於他們能力不好，而是在於我只是想要表達自我需要之事，忽略了他們對於工作、公司也各有期待。每個人都對自己的工作有些堅持跟看法，可是我卻只是一味的將自己的想法套用在他們身上，用自己的作法去要求他們，導致他們工作痛苦、難受，我卻自以為作法正確無誤。

我也曾經是主動舉手的人，大喊著：「事情就交給我吧！只要老闆願意授權，我願意扛起所有責任，肩負起管理的重責大任。」這種積極主動的態度，令我獲得管理授權，也因為「自以為懂」，憑藉著翻翻幾本管理書，看著書裡面提到的觀念與技巧，莫名認為自己有能力作為一位夠格的主管。直到多年後，回頭檢視工作績效下來，這才發現自己離管理的距離還太遙遠。

管理不只看熱情，也不僅看理性，最關鍵應該是看事項在推動的狀態下，怎麼達成目標，同時也令所有參與的每一份子投入其中，並能接受現況，協同排除問題，維持團隊繼續發展的凝聚力。

知道什麼不做，比急著要做什麼要來得更重要。

紀香語錄：

要懷抱著想留下對每個人都有價值的東西，而非要一堆人收拾的殘局。

08

訂定目標好比馬拉松，贏在配速

二十六歲時，初任網路事業部門主管，對於怎麼帶團隊稍有自信，卻明顯經驗不足。滿腔熱血的我，以為自己可以勝任，因此相當自滿的跟執行長訂下目標，約定好一年內將原先實體註冊的四十萬名用戶，提高到總計一百萬名。當時，我根本不知道喊出這目標有多難達成，只覺得承接了事業主管的位置被賞識，那就得拿出看家本領，想盡辦法做到老闆的要求。

從結果回看，最後我被迫離開公司。不僅沒達成目標，甚至遭執行長狠狠痛罵一頓。

有一次，身為執行長弟弟的營運長特別約談我，問到：「你這一百萬個用戶是怎麼估出來的？」我回：「是我跟執行長在溝通時，他要我憑直覺訂個目標下來，而這目標需要可以符合他的期待。」營運長聽了後，臉色沈重。他說：「公司現況還有很多地方要改善，連我自己都預期今年營業額可能會下降，為此跟大哥（執行長）吵架，你怎麼會覺得自己做得到？只憑著信心喊個口號就行嗎？你有沒有想過沒達成的後果？」營運長講完，我才意會到自己已經自陷於不佳的絕境中。

營運長說：「不論如何，目標喊都喊了，那就討論怎麼做到吧。如果只是停在思考，做不到也沒有意義，倒不如想想具體方法，看有什麼手段能提高實體註冊會員。」我點點頭，開始跟營運長討論。他分享：「公司每天開門開張就是要錢，做任何事前都得花錢，你覺得差這六十萬目標，該花多少錢？」我天真傻傻的回：「應該不需要花太多錢？畢竟請公司同事去做，辦些活動吸引用戶上門即可。」營運長聽了後大為光火：「你到底懂不懂啊！用腦袋啊！隨便講幾句話就行嗎？」

我被營運長的氣勢嚇到，意識到自己輕浮的態度似乎有失分寸。營運長說：「每個數字目標背後的意義，都是一毫一分的成本支出，你要追到目標，要有人去做，甚至要辦活動送獎品，每一個參與其中的元素都跟成本與效益有關。因此，你得搞清楚目標跟成本間的正相關性，把關連要素找出來，訂定目標才有意義。亂喊的目標，純屬騙人沒意義，畢竟你騙不了自己，要敢喊就要能做到，不要純粹憑感覺，數字推數字，試著去想各項數字間的關係。」

那年，我跌個大跤，公司開除我，也令我對「訂定目標」有深刻的體驗。

年齡漸增，訂定目標對我而言，越來越像是一門混合哲學與科學的藝術，不再只是經理人們嘴巴裡喊喊的數字或口號，更不是企業要用來壓榨員工產出成效的唯一方法。反倒像是給予員工方向，可激勵部門或員工朝向目的地前進，而這元素要能統合員工彼此之間的心，提高認同感，改善溝通，將公司成長基石建立在一個彼此都認同的共識之上。數字目標是給每個人一個能夠衡量的標準觀點，不該用來判斷個人表現好或壞。

這幾年我跟主管們在討論目標時，常跟他們說：「訂定目標，請想像你的團隊猶如美式足球隊，不懂這運動的話，看個一兩場美式足球比賽即可了解。請好好思考團隊彼此之間的分工，各自要做到何種程度才能向前推進一碼、五碼、十碼，最後靠著團隊的毅力與能力，進而達陣。**我期盼的是一個能激勵所有人的計畫，而非壓垮每個人的數字目標，更不希望公司因為追求目標而失去發展該有的彈性。**」此話一出，每位主管面面相覷，對我說的感到不解，我跟他們分享過去的經驗：

我曾看過董事長給了個不切實際的目標，導致整個團隊分崩離析。
我曾看過總經理自我感覺良好的設目標，導致目標沒到自己先倒。
我曾看過主管力求優量表現訂出高目標，導致短期沒到長期走偏。
我曾看過員工嚴格自我要求訂出高目標，導致落入責任陷阱離去。

設定目標可分為短、中、長期三種。每種目標的任務都不大一樣：

短期目標：完成特定任務，達成某些目標，影響經營層面較小。
中期目標：放長線做佈局，獲得某些資源，累積經營發展能量。
長期目標：大方向做投資，從投資看反饋，奠定經營長期實力。

有人曾說：「**經營企業制定目標，好比跑馬拉松一樣，要懂得配速。**不要想一開始就超越人群，追求一夫當關的快感，下場就是前面拚第一，到後面變最後第一。假設四十二公里的長度，有高有低、有陡有峭、有寬有窄，一如經營企業，不可能從頭到尾都以同樣速度在跑，更不可能一開始全力拚命衝，後面因無力而

學習，從知錯開始。

被迫休息。好好思考整個跑步大隊伍的狀況，置身其中的實際條件為何，各種要素都會影響最後成績。唯有懂得團隊協力，隊伍的每一分子才有機會脫穎而出。」

制定年度目標時，我跟相關部門主管談到，基於固定與變動成本已被妥善預估的情況下，我們該思考的就是令跨部門之間的同仁，能在共通目標下獲得成就。千萬不要造成他做他的、我做我的，這樣只會讓目標變得發散，結果變糟。我們期盼員工們可以很清楚知道「你表現好或不好跟我有關，我表現的優與劣也跟你有關，我們兩個是共生體，有著共同目標要達成，一起解決眼前任務，一步又一步往目標前進，而非隨人顧性命。」

設定目標要給人一種「可以達成」的感覺，而不是「標準高到嚇死人，誰做得到？」的挫折感。目標背後所代表的意義，必然存在所謂「激勵要素」，制定動機雖然是來自於企業本身營運發展需求，可是一如前面提到美式足球的例子，目標達成還是得看團隊整體，團隊平均能力不應該只限定在特定幾個人身上，而是關注總體往目標邁進的步伐是否持續並且穩定，企業才能穩固、穩當的發展與成長。不要趕一時之急，匆忙亂做，導致滅了眼前的火，卻忽略潛藏在底下尚未引爆的危機。

坊間流傳：**「方向比速度更重要。」方向就是目標，當目標的方向錯了，速度衝再快也沒有用。**而速度，不過只是到達方向目標的條件，過程中可能有無數的方法能抵達，但用對方法、選對方向，配合適當的速度，目標自然就在眼前，隨手可得。一位同事跟我聊：「為何你對於制定目標這麼看重？很多主管喜歡把數字壓下來，訂出後就照表操課，不過你卻很在乎每個落實到員工的狀況，這不會造成你的負擔嗎？」我很開心的回他：「因為當你們看到自己能做得到的目標，心理的負擔和壓力會較小，自然就會有機會做得更多、更好。」

我們應期待人們能多做出來的部分，而不是反覆檢討他少做的地方。因為懂得看他人的優點和長才，用喜悅之情對待，事事循序漸進，即有機會越轉越好，進入正向循環。相對，帶著負面悲觀，計較一個已經缺乏不足之人的困難，在他尚未達成目標前，反覆給他壓力或責難，導致對方被情緒綁架困惑著，原本能做事的人，也難以做出好成果。目標，不過是驅使員工向前的動機，動機本該因人設事，能令人成事才是首要重點，而非經營者片面算計效益之用，更非公司拿來衡量員工好與壞的工具。懂得目標設定的真實意義，企業才能更進一步的向上成長。

世界上沒有絕對的「完美方案」，
僅有貼近現實的「最適對策」。

用加分方式看目標，則分數逐漸疊高，獲得成就；用減法看待時，當然是落得越看越失望的下場。一件事情以兩種不同的角度看待，可看出兩種完全不同的氣氛跟可能。職場工作的成敗勝劣，都與你的眼光和心態有著絕對的關係。

紀香語錄：

在這世界上被譽為天才的發明家，過去總被當成瘋子一樣對待。而瘋子與天才之間的差異在於：真正有瘋狂想像力的人，必須再加上近乎偏執與變態的執行力，能貫徹腦中的想法並予以實現，人們就會稱之為天才。

- 每個人都有自卑的時候，能夠勇敢面對自己的自卑，就是自信的開始。你很棒！加油！

- 字字句句觸動我的心，謝謝。

- 「什麼時候做都來得及，最怕的是什麼都不打算做。」好句。

- 走過才知道，難得的經驗值。

- 真的說的太好了，要認真的去認識自己，完成當初的初衷。

- 好棒！我愛死這些文章了。

- 謝謝，對正在創業的我多有助益。

- 再一次，在老師的文字裡重拾勇氣。

- 簡直當頭棒喝。

- 「人生，不是理所當然，而是力爭使然！」我帶著這句話，走過很多時刻，不論在生活上、課業上，面試等等都是。無論未來我會在哪裡，都會一路帶著您的精神努力並勇敢地走下去。

讀者感謝與推薦文

織田紀香的臉書粉絲專頁，每周都會有將近兩萬次的貼文互動，每每發文，總是會引起讀者共鳴。以下抽出幾則讀者的感謝與回饋短文，希望看完本書的你，也會有這樣滿滿的感動，並整頓好心情再出發！

・台灣從來就不缺慣老闆，應該說在台灣工作要有 100% 遇到慣老闆的心理準備，如果說都以拍桌的方式解決，那永遠不會成長。如何利用現有的資源提高自我價值，再加上筆者滴水穿石的毅力克服弱點，一定能累積出不錯的成績，我想這是筆者主要想表達的概念吧！

・最近開始寫一些文案，更是分外有感，真是謝謝了～

・平實述說卻是自身外血淚勇氣的積累……謝謝。

・有很多感想……理性方面得到的是：練習絕對不會背叛自己！而且練習可以帶來自信跟勇敢。
感性方面的是：生命中真的有太多貴人值得我們銘記在心，所以當我們有能力時也一定要做個可以給與的人，讓這份情傳遞下去。

・敬不完美的人生，造就更多激勵人心的故事。

我的感想

最後寫下您看完本書的感想吧，如果願意的話，
歡迎至方舟文化粉專與我們分享。

0CA4001　職場方舟

辭職離開，就能解決問題嗎？

作　　者　織田紀香（陳禾穎）
封面設計　張天薪
內容企劃　林潔欣
編輯協力　唐　芩
主　　編　盧羿珊
行銷經理　王思婕
總 編 輯　林淑雯

出 版 者　方舟文化｜遠足文化事業股份有限公司
發　　行　遠足文化事業股份有限公司
　　　　　23141 新北市新店區民權路 108-2 號 9 樓
電　　話　+886-2-2218-1417
傳　　真　+886-2-8667-1851
劃撥帳號　19504465
戶　　名　遠足文化事業股份有限公司
客服專線　0800-221-029
E - MAIL　service@bookrep.com.tw
網　　站　www.bookrep.com.tw

排　　版　菩薩蠻電腦科技有限公司
製　　版　軒承彩色印刷製版有限公司
印　　刷　通南彩印股份有限公司
電　　話　（02）2221-3532
法律顧問　華洋法律事務所｜蘇文生律師

定　　價　350 元
二版一刷　2020 年 8 月
二版二刷　2020 年10月

讀書共和國出版集團
社　　長：郭重興
發行人兼出版總監：曾大福
業務平臺總經理：李雪麗
業務平臺副總經理：李復民
實體通路經理：林詩富
網路暨海外通路協理：張鑫峰
特販通路協理：陳綺瑩
印　　務：黃禮賢、李孟儒

國家圖書館出版品預行編目（CIP）資料

辭職離開,就能解決問題嗎? / 織田紀香 (陳禾穎) 著. -- 二版. -- 新北市 : 方舟文化出版 : 遠足文化發行, 2020.08
　面；　公分. -- (職場方舟 ; 0ACA4001)
ISBN 978-986-99313-0-4(平裝)

1.職場成功法

494.35　　　　109009990

方舟文化 官方網站　　方舟文化 讀者回函

本書初版為方舟文化《勇敢失敗，比努力成功更有力量》